Happy together—puppy communication

강아지와 대화를 나누는 방법

해피파피에세이스트/서진 지음

복실아 달려라!

강아지와 대화를 나누고 싶은 이들에게

나에게 있어서 무엇과도 바꿀 수 없는 소중한 것, 그것은 바로 내 집에서 함께 살고 있는 귀여운 동물들 복실이와 몽실이입니다.

여러분에게도 그것은 마찬가지가 아닐까요? 이 책을 손에 들고 있다는 사실이 이미, 여러분도 동물들을 친구나 가족의 일원으로 생각하고 있다는 증명일 겁니다. 아마도 우리나라의 천만 애견인들은 동물들과의 사이에 단순한 교류 이상의, 그들만이 알 수 있는 감각적인 유대감을 느끼고 있을지도 모릅니다.

그런 반면, 매스컴에서는 심심치 않게 동물학대에 대한 뉴스가 들려오곤 합니다. 동물을 귀한 생명으로 여기지 않고 단순한 소유물로 취급하는 인간들의 잘못된 행동이 아닌가 합니다. 말 못하는 동물 쪽에서는 참으로 억울하고 답답한 노릇이 아닐 수 없습니다.

「산림을 깎아서 조성된 전원 주택지에 너구리가 나타난다. 새끼를 거느린 너구리를 붙잡은 사람은, 자신의 마당에 무단으로 들어와서 가택침입죄를 물어 붙잡았다고 한다. 그러나 잘 생각해 보면 이런 적반하장이 없다.

너구리는 옛날부터 살아온 숲이 불도저에 밀려서, 안심하고 새 끼를 키울 수 있는 장소도 없이 위태위태하게 살고 있는 형편이다. 너구리가 만약 인간의 언어를 할 줄 안다면 아마 이렇게 항의하지 않을까.

"인간이야말로 너구리에게 한 마디 양해도 얻지 않고 우리 마당 에 들어온 것이 아니냐. 가택을 먼저 침입한 것은 인간이다."

그들도 지구촌의 주민이요, 우리의 이웃입니다.

인간은 반려동물을 키우면서 그들로부터 크나큰 사랑과 기쁨을 얻고 있습니다. 요즘 시대는 '힐링'이 대세인 모양인데, 반려동물과 함께 보내는 힐링 타임처럼 우리에게 치유와 위안을 주는 시간은 없을 것입니다.

이렇게 그들로부터 치유와 위안을 얻는 우리는, 함께 사는 동물 들이 무엇을 어떻게 느끼고 생각하는지 궁금합니다. 하우스를 어 디에 두기를 바라는지, 어떤 것을 먹고 싶어 하는지, 무엇을 하며 놀고 싶어 하는지, 주인이 쇼핑하러 나갈 때 함께 차를 타고 나가 고 싶어 하는지…… 일상생활 속에서 그들이 원하는 것을 더욱 이 해하고 싶은 사람이 많을 것입니다.

또 동물들의 문제행동을 고치고 싶은 사람도 있을 것이고 건강 문제에 대해 그들과 얘기하고 싶은 사람, 그리고 동물들의 생사관 에 대해 흥미가 있는 사람도 있겠지요.

본문에서도 말했듯이, '동물들과 대화할 수 있다'고 하면 무슨 특수한 능력이 필요할 거라고 생각하는 사람도 많지만, 그런 능력은 전혀 필요하지 않습니다. 다만 동물을 사랑하고 배려하는 마음만 있으면 됩니다.

생각해보면, 우리는 동물과 얘기하는 것에 대해, 의외로 극히 당연한 일로 받아들이고 있는 것이 아닐까요? TV 만화도 그렇고 어린이용 만화, 심지어 성인용 영화에서도, 인간과 동물이 서로 얘기를 주고받는 장면이 당연한 듯이 그려져 있고, 우리도 그것을 당연하게 읽고 받아들입니다. 공상 세계 속의 일이라고 하면 그뿐일지 모르지만, 그다지 위화감을 느끼지 못하는 것을 생각하면, 새삼스럽게 재미있게 느껴질 정도입니다.

실제로 동물과 얘기하는 것은 결코 불가능하지 않습니다. 상대의 입장을 생각하고, 이쪽의 마음을 성의를 다해 전하고자 하는 자세만 있으면, 서로 마음을 전할 수 있습니다. 물론 인간처럼 언어를 사용하여 커뮤니케이션을 하는 것은 아니지요. 하지만 아득한 옛날, 인간이 언어를 사용하게 되기 전까지 우리는 어떻게 의사소통을 했을까요? 바로 텔레파시입니다. 우리 인간에게는 텔레파시 능력이 이미 갖춰져 있습니다.

또 텔레파시까지는 아니더라도 이미 마음으로 의사소통을 하고 있는 사람을 주변에서 많이 볼 수 있습니다. 개나 고양이를 대할 때 우리는 상대가 말을 알아듣기라도 하는 것처럼, 마치 사람에게 대하듯이 말을 하지요.

집에 돌아가서는 "잘 있었니?", 밥을 주면서 "흘리지 말고 먹어.", 외출할 때는 "엄마 다녀올게, 잘 놀고 있어." 밥을 안 먹고 애를 먹일 때는 "너 이거 안 먹으면 산책에 데려가지 않을 거야." 등등.

그러다가 당신의 입에서, 기쁨과 함께 "어머나, 우리 하늘이가 내 말을 알아들어요!" 하는 탄성이 터져 나온 적이 없나요?

다만 동물과 이렇게 '대화'를 하는 것은, 역시 동물을 진심으로 좋아하지 않으면 불가능합니다. 동물 중에서도 개나 고양이처럼 대뇌가 잘 발달한 동물일수록 인간의 감정을 잘 알아차립니다. 겉으로 개를 좋아하고 고양이를 좋아하는 것처럼 가장해도 그런 속임수는 이내 들통이 나고 맙니다.

이 애니멀 커뮤니케이션은, 동물들이 지닌 통찰력과 유머, 지성, 그리고 그들의 객관적인 시각을 알고 즐기는 것이라고 할 수 있습니다.

저는 애니멀 커뮤니케이션을 배우는 것은 곧 '마음의 여행'이라고 생각합니다. 합리적으로 사물을 생각하는 것(우리 인간은 참으로 많은 시간을 이것에 할애하고 있습니다)이 아니라, 자신의 본질을 찾아가는 것이 '마음의 여행'입니다.

이 책에서 소개하는 테크닉과 훈련, 이미 전 세계에서 수천 명의 사람들이 훈련을 통해 터득하는 데 성공한 것임을 잊지 말아주세요.

저는 이 책을 누구나 이해할 수 있도록, 저 자신을 애니멀 커뮤니케이션에 대해 아무것도 모르는 독자로 가정하고 원고를 써나갔습니다. 그러므로 부디 편안한 마음으로 읽어주시기 바랍니다.

이 책을 읽고 여기에 소개된 테크닉을 실제로 시험해 보면, 동물들과의 대화가 얼마나 즐거운지, 또 자신의 생활에 어떤 변화가 찾아오는지 금방 알 수 있을 것입니다. 물론 그렇게 되기까지 많은 노력이 필요하지만 그만한 가치는 충분히 있을 겁니다. 지금까지 생각도 하지 못한 방법으로 동물과의 유대를 깊이 할 수 있으니까요.

어쩌면 이 책은 본디 동물을 좋아하는 사람에게만 필요한 책으로 생각될지도 모릅니다. 하지만 거꾸로, 동물을 싫어하는 사람이 동물의 훌륭한 점, 동물과 대화하는 것의 즐거움에 눈을 뜨고, 지금까지와는 다른 눈으로 동물을 다시 바라보게 될지도 모릅니다. 만약 그렇게 된다면 그보다 더 기쁜 일은 없을 것입니다.

우리 주변에는 수많은 동물들이 있습니다. 개, 고양이, 조류, 경우에 따라서는 말과 소와 염소 등. 이러한 동물들과 마음을 나눔으로써, 거꾸로 그들을 통해 인간이라는 이름의 동물이 어떠한 동물인지를 배울 수 있었으면 합니다.

이제 애니멀 커뮤니케이션을 사용하여 사랑이 샘솟는 가슴 뛰는 세계를 찾아가는 여행을 떠나보세요. 동물들은 당신과 얘기할 수 있는 날을 손꼽아 기다리고 있습니다!

우리집 복실이와 몽실이도 그러했으니까요.

복실아! 복실아!
똑똑–똑 누구세–요 귀염둥이 복실입니다
들어오세–요 복실아 복실아 뒤로 돌아라
복실아 복실아 땅을 짚어라 복실아 복실아
한 발 들어라 복실아 복실아 이리–오너라
아이 좋아라! 멍멍멍 아이 좋아라! 멍멍멍

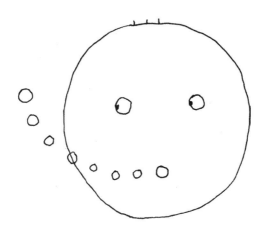

Happy together—puppy communication

강아지와 대화를 나누는 방법

차례

강아지와 대화를 나누고 싶은 이들에게
프롤로그

프롤로그

　강아지와 자유롭게 대화를 할 수 있다고 하면 사람들은 놀라움과 의문을 가질 것이다.

　"어떻게 개와 말을 나눌 수 있지?"

　"특별한 능력이 없어도 누구나 되나요?"

　"정말 내 애견과 이야기할 수 있단 말입니까?"

　단언컨대 실제로 누구나 개와 대화를 나눌 수 있다. 특별한 능력 같은 건 필요없다. 굳이 필요한 것을 꼭 집어 든다면, 애견과 소통하고자 하는 마음만으로 충분하다.

　사실, 애견과 대화를 나누는 사람들이 많이 있다.

　개뿐만 아니라 모든 동물들과 대화하는 것을 '애니멀 커뮤니케이션(이하 AC)'이라고 하며, 전문적으로 AC를 하는 사람을 애니멀 커뮤니케이터라고 한다. 애니멀 커뮤니케이터란 동물과 의사소통이 가능한 사람을 가리킨다.

말하는 사람과 말 못하는 동물 사이를 이어주는 다리가 되어 애견인에게 동물의 생각을 전함으로써 양쪽의 더 나은 관계를 도와주는, 말하자면 사람과 동물의 통역자 같은 것이라고 할 수 있다.

서양에서는 이미 애니멀 커뮤니케이터가 많이 활동하고 있지만, 우리나라에는 아직도 적은 실정이다. 흔히 애견인 천만 시대에 들어섰다고 하는데, 어느 통계에 따르면 우리나라에 반려동물을 기르는 가구 수는 400만이 넘고, 개 450만 마리, 고양이 62만 마리를 포함해 모두 530만 마리의 반려동물이 이 땅에 살고 있다고 한다.

그만큼 개를 키우고 있는 사람이 많은 가운데, AC를 알고 있거나 친근하게 느끼는 사람은 역시 서양에 비해 적은 편이다.

그러나 최근에는 TV와 매스컴, 인터넷 등에서 심심찮게 다루고 있으므로, 앞으로 서양처럼 우리의 생활 속에 깊이 자리잡고 들어올 것은 쉽게 상상할 수 있다.

애견의 마음을 읽는 수단으로서 애니멀 커뮤니케이터에게 도움의 손길을 내밀어보는 방법도 있지만, 이 책의 목적은 애견과 직접 대화할 수 있게 하는 데 있다.

언제든지 애견의 생각을 알 수 있다면, 이보다 더 멋진 일이 어디 있을까?

애견의 입장에서도 좋아하는 주인인 당신에게 마음이 전해지고 있다는 걸 알면 얼마나 기뻐하며 꼬리를 살랑살랑 흔들겠는가?

미국과 영국에서는 페트 카운슬링이나 도그 트레이닝과 병용하여, 사육자와 동물 사이의 문제를 해결하는 데에 이 AC가 많이 이용되고 있다.

왜 이렇게 동물과의 대화가 주목받고 있는 것일까? 그것은 심각한 상황에 있는 애완동물의 스트레스와 매우 깊은 관련이 있다.

애완동물은 인간에게 반려동물로서 치유의 대상이 되고 있는데, 인간만 일방적으로 치유받는다면 어려움을 같이 나누던 개는 스트레스 받을 일이 많을 것이다.

우리와 똑같이 생명을 지닌 개도 당신에게 많은 것을 호소하고 싶어한다.

일단 여기서 이 책이 가르치는 애니멀 커뮤니케이션 기법을 이용하여 자신의 애견과 대화를 나눈 사람의 체험담을 소개하고자 한다. 애견인과 몰티즈 '몽실이'가 나눈 대화이다.

책에서 배운 대로 충분히 릴랙스 상태에 들어간 나는 순조롭게 대화를 나눌 수 있었다.

설마 애견 몽실이와 직접 얘기를 나눌 수 있게 될 줄은 꿈에도 생각하지 못했던 나는 말할 수 없이 기뻤다.

이미지 속의 '하트 스페이스' 속에서 "몽실아~" 하고 부르니, 몽실이가 쪼르르 내 앞으로 다가왔다.

"왔니?" 하고 내가 묻자, 몽실이는 이내 대답했다. "누나하고 이야기하기로 했잖아요."

내가 몽실이를 얼마나 사랑하고 있는지를 말하자 "그런 건 이미다 알고 있어요." 하고 졸랑졸랑 꼬리를 치면서 내 마음에 대답해 주었다.

텃밭의 방울토마토를 유독 좋아해서 AC를 하기 전에 따 주었는데 도리질을 하며 끝내 먹지 않았다. 왜 안 먹느냐고 물었더니 "싫어하는 건 아닌데 이젠 질렸어요." 한다.

그밖에도 몽실이는 미용실 가기를 싫어한다고 말했다.

그러고 보니 전에도 미용실에 가려고 하자 눈치를 채고는 카트에서 훌쩍 뛰어내리려고 한 적이 있었는데, 그때는 AC 전문가에게 부탁해서 몽실이에게 물어 보도록 했다.

그러자 몽실이와 이야기를 나눈 AC 전문가가 이렇게 말해 주었다.

"늘 같은 시간에 미용실에 가지 않나요? 몽실이가 그때는 언제나 졸음이 오는 시간이라는군요. 미용실 가는 시간을 한번 바꿔 보세요."

그 말을 듣고 얼른 시간대를 바꿔 보았다.

그러자, 전에는 미용실에서 꼼짝 못하고 가만히 있어야 하기 때문인지 미간을 찌푸린 딱딱한 표정이 며칠 동안 풀리지 않았는데, 그날은 편안한 표정이었다.

이번에 내가 직접 AC를 했을 때도 몽실이가 '미용실'에 대해 말해 줘서 녀석의 기분을 이해할 수 있었다.

다음은 몽실이가 한 말이다.

"미용실에는 별로 가고 싶지 않았어요. 언제나 졸음이 함빡 쏟아져 졸려 죽겠는데 깨우니까요. 나는 잠을 자고 싶어요. 미용실에서도 누워 자고 싶은데, 선 채 강제로 꽉 붙잡혀서 꼼짝도 못하니까 정말 힘들고 짜증났어요. 하지만 졸리지 않은 시간으로 바꾸고 나니 이제는 괜찮아요. 그리고 난 리본이 몹시 싫어요. 리본을 달면 아프거든요. 난 계집애가 아니라고요."

그때부터 리본을 달아 주는 것도 그만두었다.

마지막 질문은, 산책하러 가기 전에는 반드시 테이블 밑에서 내 기색을 살피기에 그에 대해서도 물어보았다.

몽실이의 메시지.

"그건 말이에요, 누나가 정말로 산책하러 가는 건지 살피는 거예요. 알고 있죠? 산책갈 때는 엄마도 누나도 다 함께 갔으면 좋겠어요."

이러니 어떻게 데리고 나가지 않을 수 있겠는가?

소중한 체험을 하게 해주셔서 정말 감사하는 마음이 들었다. 앞으로도 몽실이하고 커뮤니케이션을 많이 나누면서 즐겁게 살고 싶다.

레트리버종

프롤로그

PART 1
애니멀 커뮤니케이션에 대하여

1 '동물'은 어떤 존재일까?

동물은 어떤 존재일까?

인간은 지금까지 수많은 동물들과 관계를 맺어왔다. 그 떼려야 뗄 수 없는 관계와 많은 경험을 통해 밝혀진 것은 동물들도 인간과 똑같은 복잡한 감정을 지니고 있다는 것이다.

그들은 우리와 마찬가지로 '행복', '슬픔', '수치'의 감정을 지니고 있으며, 반항적이 되거나 사색에 빠지기도 하고 때로는 어리석음에 빠져 갈피를 잡지 못하고 허우적거릴 때도 있다. 이처럼 동물들은 우리가 생각하는 것 이상으로 복잡한 생각을 하고 사물을 추리할 수도 있다.

물론 동물들은 우리 인간처럼 학교에서 교육을 받는 것이 아니

므로 체계화된 '지식'을 터득하지는 못한다. 그러나 교육을 받았는지 여부로 '현명함'을 자로 재듯 잴 수는 없다. 동물들이 인간사회에서 살아남기 위해서는 그 '현명함'은 어쩌면 꼭 필요한 것일지도 모른다(만약 마법을 부려 동물로 변신할 수 있다면, 그들이 얼마나 현명한지 간단하게 알 수 있을 텐데……). 동물들은 우리 인간이 자신들의 형편에 따라 만든 새로운 환경에 적응하여, 그 상황 속에서 자신의 요구를 충족시킬 수 있다. 만약 그들이 현명하지 않다면 그것은 상당히 어려운 일일 것이다.

물론 그 '현명함'은 동물의 종류에 따라, 또 같은 종류 중에서도 각 개체별로 정도가 저마다 다르다. 특히 돌고래, 유인원, 개, 고양이 등은 다른 동물들보다 추리력이 뛰어나고 감정의 미묘한 뉘앙스를 전할 수 있다. 그렇다고 해서 토끼나 모르모트(기니피그를 일상적으로 이르는 말)와 이야기하면 재미가 전혀 없다는 것은 아니다. 실제로 무척 현명한 토끼도 많이 있다.
여기서 '한나'라는 영리한 토끼를 소개하면—

이 한나라는 토끼는 어느 날부터 갑자기 변기 밖에서 용변을 보기 시작했다. 그 엉뚱한 장소는 변기에서 왼쪽으로 20cm 정도 되는 곳이다. 한나는 원래 변기가 있는 장소도, 그 변기를 사용해야 한다는 것도 다 알고 있다고, 한나의 주인은 생각했다. 그래서 주인은 한나가 용변을 본 장소로 변기를 옮겼다. 그런데 다음에 한나가 용변을 본 곳은 새롭게 변기가 놓인 장소에서 왼쪽으로 20cm

떨어진 곳이었다. 그래서 주인이 다시 변기를 옮기면, 한나가 또 변기 바로 옆에서 용변을 보는 과정이 여러 번 되풀이되자, 마침내 한나의 주인은 답답한 마음에 전문가의 도움을 요청했다. 태어난 지 2년 동안 변기를 제대로 잘 사용하고 있었던 한나가 어째서 그런 행동을 하게 되었을까?

애니멀 커뮤니케이션 전문가가 한나에게 변기 왼쪽에서 용변을 보는 이유를 물었다. 한나는 고개를 갸웃거리며 이렇게 대답했다.

"나는 다만 변기를 그쪽 구석에 두는 게 마음에 들지 않을 뿐이에요. 거긴 너무 춥거든요. 그래서 내가 변기 밖에서 용변을 보면, 엄마는 나에게 변기를 사용하게 하려고 장소를 옮겨줄 거라 생각했죠. 그러면 언젠가는 변기가 우리 반대쪽으로 이동하지 않을까 해서요."

전문가는 그럼 왜 처음부터 우리 반대쪽에서 용변을 보지 않았는지 물었다.

"그건 내 건강이 좋지 않은 것처럼 보이지 않을까요? 그러면 엄마는 나를 무서운 동물병원에 데리고 갈 거잖아요. 그게 싫었어요. 나는 다만 변기에서 일정하게 떨어진 장소에서 늘 똑같이 용변을 보면, 내가 엄마에게 원하는 것이 있다는 것을 알아차릴 거라고 생각한 거죠."

이러는 거다! 한나의 주인과 전문가는 그 대답을 듣고 크게 웃음을 터뜨렸다. 그리고 변기를 우리 반대쪽 구석으로 옮겨준 뒤로는, 한나는 전과 마찬가지로 변기를 제대로 사용하게 되었다.

이 영리한 토끼 이야기를 보아도 애니멀 커뮤니케이션이 얼마나

유용한지, 그리고 얼마나 흥미로운 것인지 알 수 있다.

우리는 애니멀 커뮤니케이션을 통해 동물들의 정신적인 부분, 그들의 본래의 모습에 대해 매우 소중한 사실을 배워왔다. 토끼와 개, 고양이, 말과 같은 동물들은 우리가 지금 살고 있는 이 삼차원의 세계, 지구라는 세계에만 살고 있는 것이 아니다. 동물들은 자신이 과연 누구인지 제대로 이해하고, 이 지상에서의 자신들의 사명을 똑똑히 알고 있다.

동물들에게는 정신적이라는 개념(이것은 종교와는 관계가 없다)을 이해하는 힘이 있다. 우리 인간 중에도 그것을 이해하는 사람, 이해하지 못하는 사람이 있는 것과 마찬가지로 동물들의 이해력도 각각 다르지만, 대부분의 동물들은 생명, 죽음, 윤회 같은 어려운 개념을 이해하고 있다.

1928년, 헨리 베스톤이 쓴 《세상 끝의 집—케이프코드 해변에서 보낸 1년》이라는 저서 속에서 동물에 관한 생각에 대해 의견을 말하고 있다. 우리 인간은 더욱 현명한 생각을 바탕으로 동물들을 바라보아야 하며, 인간의 잣대로 그들을 섣불리 판단해서는 안 된다는 것이 그의 주된 의견이다.

간단하게 말하면, 동물들은 말을 할 수 없다거나, 복잡한 인간 사회에 적응할 수 없다고 단정해서는 안 된다는 것이다. 또한 동물들은 우리 인간이 할 수 없는 것을 할 수 있다, 우리는 알 수 없는 '뭔가'를 느끼는 기관을 가지고 있다고도 그는 주장했다. 실제로 그들은 우리 인간의 이해가 미치지 않는, 그들 자신의 복잡한 세계 속에서 훌륭하게 살아가고 있다. 이처럼 동물과 인간 사이에는 비슷한 부분도 있고 다른 부분도 있다. 그러나 무엇보다 기억해 두어야 할 것은, 동물도 인간도 각각 자신들의 방식으로 보물처럼 숨겨진 크고 작은 기쁨을 누리고 나서 슬픔의 강을 건너고 있다는 사실이다.

동물들은 인간에게 의지하지 않고 자신들이 본디 지니고 있는 능력만으로 살아갈 수 있는 멋진 생물이다. 확실히 개와 고양이처럼 수 천 년에 걸쳐 인간에게 길들여진 역사가 있으면, 본디 지니고 있어야 할 '야생 본능'은 둔해질지도 모른다. 하지만 그런 동물들도, 사람들과 함께 생활하는 환경에서 떨어져 야생에 놓이게 되면 꿈틀거리는 본능을 깨워 살 수도 있다(말할 것도 없이 시골생활보다 도시생활이 더 어렵겠지만).

예를 들어 시골에서는 근처의 들판에서 들고양이들이 쥐와 새를 노리고 있다가 날카로운 발톱으로 매섭게 잡아먹는 것을 자주 볼 수 있고, 겨울이 되면 그들이 영리한 방법으로 추위를 견딜 수 있는 안락한 보금자리를 만드는 것도 볼 수 있다. 게다가 각각의 영역을 지키고 있으면서 서로 간섭하거나 싸우지 않고, 오히려 함께 들판과 수풀 속을 유유히 돌아다니며 먹잇감을 찾고 있는 것 같다.

이것으로 보아 동물들에게는 자기들끼리 자립해 살 수도 있고 우리 인간과 같은 다른 종족의 생물과 함께 살 수도 있는 복잡함

독일 셰퍼드

이 깃들어 있다는 걸 알 수 있다.

동물들의 생각이란?

우리와 함께 사는 동물들은, 먹을 것과 살 장소가 마련되어 있고 수의사에게 치료와 간호를 받을 수 있다는 점에서는 우리 인간에게 의존하고 있다. 하지만 그들을 그런 상황에 몰아넣은 것은 우리 인간이다. 동물들은 부드러운 털로 뒤덮인 동물의 모습을 한 작은 인간이 아니고, 거울에 비치는 우리 자신의 그림자도 아니다.

지금은 곳곳에서 수영대회니 장애물 대회, 도그댄스 같은 다양한 장르에 걸친 '도그스포츠'가 인기를 끌고 있다. 당신도 동물들과 함께 즐기며 도전하는 이러한 경기를 좋아하는 것은 아닌가?

지금까지 오랫동안 동물들과 그 주인들을 상대로 일하면서 많은 것을 알게 된 동물 전문가들은, 그중에서 개들이 실제로 흥미를 가지고 있는 것은 자신이 주인과 함께 지낼 수 있는가, 몸을 많이 움직이면서 즐길 수 있는가 하는 것임을 알았다.

즉, 우리가 아무리 동물들의 우열을 다투는 데 열중해도 그들의 흥미는 생각지 못한 다른 데 있다는 것이다. 동물들이 경기를 싫어한다는 의미는 결코 아니다. 실제로 모든 동물들은 나름 경기를 즐기고 있다. 그러나 우수한 개들이 받은 상장과 트로피는 갈고 닦은 노력의 증거, 잘했다는 것을 보여주기 위한 것일지 모르지만, 그들은 그것을 바라고 경기에 참가하는 것이 아니다.

그래서 애니멀 커뮤니케이션이 필요한 것이다! 애니멀 커뮤니케이션을 하면, 동물들이 하고 싶은 것, 즐기고 싶은 것이 무엇인지 분명하게 알 수 있다. 개에 따라서는 수영보다 달리기를 좋아할 수도 있고, 도그쇼에 참가하는 것보다 그냥 산책이나 하는 게 낫다고 생각하는 심드렁한 개도 있을 것이다.

우리 인간이 한 사람 한 사람 다른 취미와 관심을 가지고 있듯이, 개들도 저마다 취향이 있다. 쇼핑을 좋아하지 않는 사람이 있는 것과 마찬가지로 옷 입는 것을 좋아하지 않는 개가 있다는 것을 이해하기 바란다. 물론 옷 입는 것을 즐기고 재미있게 생각하는 개도 있는가 하면, 불편하다거나, 덥고 답답해서 싫다, 또는 단순히 바보 같다고 생각하는 개도 더러 있다.

이것은 동물들과 커뮤니케이션을 하면 자연히 깨달을 수 있는 것인데, 동물들은 어떤 점에서 인간과는 크게 다른 시각으로 사물을 보고 있다. 사실, 동물들은 '현재를 보고 현재를 살고 있는 것'이다.

동물들은 언제나 현재의 한 순간 한 순간에 의식을 집중하고 있다. 과거의 사건을 두고 끙끙 앓거나, 미래에만 관심을 두고 꿈을 부풀리지는 않는다. 뉴에이지와 부처의 가르침 속에 있는 '현재에 충실하게 살라'는 것이 그들의 생각이고 삶의 방식이다. 반대로 인간은 과거의 사건이나 앞으로 일어날 일에 마음을 빼앗기기 때문에 무수히 떨어지는 모래시계의 모래처럼 '지금 이 순간의 행복'을 붙잡지 못하고 만다. 틀림없이 그 생각의 차이이리라. 참으로 부럽게도, 많은 동물들은 우리 인간과는 달리 소소한 행복을 느끼면서 늘 살고 있다.

우리가 키우는 동물들은 그 뛰어난 생각을 매우 능숙한 방법으로 우리에게 가르쳐 주고 있다.

고양이 미니는 주인이 스트레스에 치여 있을 때 "잠시 쉬면서, 해가 잘 비쳐드는 거실 바닥에서 함께 뒹굴면서 놀자"고 앞발을 내밀어 말을 걸어준다. 강아지 해피는 "함께 놀자"고 꼬리를 흔들며 멍멍 짖으면서 우리에게 장난감을 가지고 와 싸한 분위기를 누그러뜨려준다.

마른 풀 속에 뛰어들어 그것을 뜯어먹는 것을 아주 좋아하는 모르모트들은, 신선한 풀만 보면 기뻐서 소리를 지른다. 그들이 기분 좋을 때는 그 자리에서 솔직하게 기쁨을 표현한다. 그리고 늙은 토끼 피스는 주인과 함께 거실에 앉아 평온하게 보내는 시간을 무엇보다 소중하게 여긴다.

이렇게 동물들은 삶 속에서 소박한 행복을 느끼며 얼마든지 살 수 있다는 것, 그리고 어떻게 그것을 즐기면 되는지를 가르쳐

준다.

　동물들은 우리 인간에게 많은 선물을 주고 있다. 애니멀 커뮤니케이션을 배울 때는 동물들의 신체와 겉모습에 사로잡히지 말고, 꼭 평소와는 다른 시각으로 사물을 바라보기 바란다. 그리고 그들의 내면에도 경의를 표하자. 또한 그들이 우리에게 보내는 헌신과 충성심, 신뢰, 애정, 현재를 산다는 생각, 친절, 인내심, 그리고 배려를 느끼는 것도 잊지 말자.

　시험삼아 자신의 생각을 버리고 동물들의 시각에서 인생을 다시 응시해 보는 것도 좋다. 우리는 동물들을 집안에 불러들여 함께 살고 있지만, 그것은 테이블이나 자동차를 '소유하는' 것처럼 동물들을 자신의 것으로 '소유하는' 것이 아니다. 동물을 존경하고, 일상생활 속에서도 가능한 한 애니멀 커뮤니케이션을 이용하여 그들의 생각을 묻고 그들을 존중해야 한다.

강아지와 대화를 나누는 방법

2 당신은 동물을 오해하고 있지는 않은가

동물과 대화할 수 있다?

"당신도 동물과 이야기해 보지 않겠습니까?"

—앞에서도 말했듯이, 진지한 표정으로 이런 말을 하면 사람들은 어떻게 반응할까? 한 20년 전이라면 "예?" 하고 화들짝 놀라다가 이상한 듯 그 사람 얼굴을 쳐다보면서 "무슨 농담을!" 하고 그저 웃을지도 모른다.

그러나 지금은 다르다. 정말로 그것이 가능하다면 호기심에 의해서라도 꼭 해 보고 싶은 사람이 많을 것이다. 그리고 지금까지 동물의 심리나 행동을 연구해온 사람들의 경험과 성과를 아울러 생각하면, 인간과 동물은 분명히 서로 이야기를 나눌 수 있다. 물론 인간들처럼 '언어'로 대화하는 것은 아니다. 동물은 인간의 언어를 거의 모르고, 더군다나 인간의 언어를 말할 수 있는 동물도 많지 않다.

그럼에도 인간과 동물은 대화를 나눌 수 있다. 이를테면 인간들 사이에서는 머리를 옆으로 흔들면 '싫다'는 의사가 상대에게 전해진다. 마찬가지로 동물의 조그마한 몸짓이나 표정, 나아가서는 우는 소리를 통해 그 동물이 무슨 생각을 하고 어떻게 느끼고 무엇을 원하는지 알 수 있다. 동물 역시 그런 방법으로 인간의 마음을 참으로 정확하게 알아차리고 있다.

정말로 동물과 이야기가 통하고 진정한 친구가 될 수 있다면 얼마나 멋진 일이겠는가? 우리는 모두 친구를 한 사람이라도 늘리고

싫어 한다. 우리 주변에 있는 개와 고양이를 비롯하여 다양한 동물들이 단순한 '주인'과 '사육되는 개'가 아니라 더없는 짝으로서 존재한다면, 당신의 인생은 얼마나 즐겁고 풍요로운 것이 될까? 그것은 불가능한 일이 아니다.

세상에는 '애니멀맨'이라고 불리는 사람들이 있다. 애니멀맨은 동물이 우는 소리의 약간의 차이를 알아듣고 상대가 무슨 생각을 하고 있는지 알 수 있는 재능을 가지고 있다. 또 동물의 울음소리를 감탄스러울 정도로 잘 흉내 내어 동물과 대화가 가능한 사람도 있다. 사자 엘자를 키운 조이 애덤슨이 바로 그런 사람이다.

그 정도까지는 아니더라도 동물의 마음을 이해하고 동물과 금방 친구가 되는 사람이 많이 있다. 방금 잡혀온 사자는 가까이 다가오는 모든 것에 사납게 달려드는데, 미국 브롱크스 동물원의 사자 사육담당 마티니 씨처럼, 그런 사자에게 온화하게 말을 걸자 30분도 지나지 않아 그 사자의 갈기를 쓰다듬으며 빗질하는 사람도 있다. 아프리카의 들판 속에서 심한 상처를 입고 오도 가도 못

강아지와 대화를 나누는 방법

하고 서 있는 기린에게 다가가서 정성껏 치료해 준 여성 수의사도 있다.

보통 사람은 도저히 그러한 애니멀맨들을 따라가지 못한다. 하지만 언젠가는 그렇게 되고자 하는 사람은 많다. 그것은 그저 동물과 친구가 되어 함께 놀아주고 싶어서가 아니다. 그것도 즐거운 일임에는 틀림없지만, 동물을 진정으로 이해함으로써 인간이라는 동물, 즉 우리 자신이 어떠한 동물인지 알 수 있기 때문이다.

동물은 인간보다 열등하다?

동물과 진정으로 잘 지낸다는 것에는 어떤 의의가 있을까?

동물과 잘 지내기는 좀처럼 쉬운 일이 아니다. 왜냐하면 인간은 매우 오만하고 우쭐해지기 쉬운 동물이기 때문이다. 진화론을 외친 다윈이 '인간의 조상은 원숭이'라고 말했을 때 얼마나 박해를 받았던가. 지금은 상식이 된 것처럼 보이지만, 그러한 '만물의 영장' 의식은 아직도 뿌리 깊게 남아 있다. 그리고 그것이 인간과 동물 사이를 가로막아 인간 자신의 손으로 높은 벽을 쌓고 있다.

한 가지 예를 들어보자. 인간과 말을 비교하면 어느 쪽이 높다고 할까? 대뇌의 발달에 있어서는 분명히 인간이 '고등동물'이다. 그런데 진화라는 점에서 보면 명백하게 말이 인간보다 '진화한 동물'이다. 즉, 달린다는 목적을 위해 가능한 한계까지 진화해 있는 것이다. 그것을 비교했을 때, 대뇌가 발달한 인간이 발굽이 발달한 말보다 '고등'한 동물이라고 할 수 있을까? 이상한 비유일지도 모르지만 학자와 마라톤 선수를 비교하여, 학자가 인간으로서 고

등하다고 단언할 수는 없을 것이다. 각각의 길이라는 것이 있지 않은가.

안이하게 '영리하다' '바보다' 단정하지 마라

인간은 자신의 명령을 잘 듣는가 어떤가로 동물의 지능을 판단하려고 한다. 이를테면 개는 영리하지만 고양이는 멍청하다고 한다. "어째서?" 라고 물으면, 개는 주인의 명령을 듣고 여러 가지 재주를 부리지만, 고양이는 전혀 못 하기 때문이라고 한다. 그것도 동물의 삶을 충분히 이해하지 못하는 데서 일어나는 오해이다.

개는 자신이 살고 있는 집을 행동권으로 간주하고, 주인 가족을 동료로 생각하면서 공동생활을 하는 동물이다. 그리고 보통, 인간 일가의 주인을 리더라고 생각한다. 포유류 갯과에 속하는 늑대도 가족끼리 서로 돕고 커뮤니케이션 방법도 몇 가지 가지고 있다. 그러나 고양이는 개만큼 뚜렷한 서열이 있는 무리생활을 하지 않는다.

주인의 집은 고양이에게도 행동권이지만 주인 가족과는 개처럼 동료라는 유대의식이 없다. 그저 사이좋은 이웃 정도이다. 고양이에게는 독립독보의 확실한 자의식이 있어서 자신의 진로를 스스로 찾아낸다. 고양이는 자신이 관심을 가진 것에는 참으로 참을성 있게 주의를 집중한다. 이를테면 쥐구멍 앞에서 몇 시간이고 사냥감이 머리를 내밀기를 기다리는 것이 그것이다. 그 끈기는 개와 비교할 바가 아니다. 그러나 관심이 없는 일에는 완전히 무심하다.

고양이는 주인을 리더로 우러러보지도 않고, 하물며 뭔가를 해

무서워서 달아난다

장난치느라 달아난다

서 주인을 기쁘게 한다는 것은 생각조차 하지 않는다. 그러한 성격 차이를 두고 고양이가 시키는 것을 하지 않는다고 해서 바보라고 단정하는 건 잘못이다.

말과 소에 대해서도 이와 비슷한 편견을 가지고 있다. 말은 활발하고 영리한 인상을 주고 소는 느리고 둔한 느낌을 준다고 한다. 그러나 예민한 말은 작은 소리에도 놀라서 날뛰지만, 소는 무슨 일을 할 때 자신의 생각으로 잘 처리하고자 하는 데가 있다. 그러한 성질의 차이에서 말은 다루기 쉽고 소는 고집이 세다고 생각하기 쉽다.

소는 사물을 분간하는 식별력이 상당한 수준이어서 인공포육으로 자란 송아지는 누가 자신을 키워주는 양육자인지 잘 기억하고

있다.

또 동물들은 아무리 영리하다 해도 인간처럼 미래를 예상하거나 인과관계를 추측하는 일은 서툴다. 그래서 동물이 인간을 오해하는 일이 종종 일어난다. 이를테면, 개를 운동 중에 풀어주면 그들은 기뻐하며 뛰어다닌다. 그러다가 이젠 데리고 돌아가려고 해도 좀처럼 잡히지 않는다. 주인은 점차 화가 난다. 어떻게 해서든 불러서 돌아오게 하려 한다.

그럴 때는 답답해서 개를 쫓아가고 싶지만, 그렇게 하면 개는 더욱 달아나 버린다. 나중에는 무슨 술래잡기 게임처럼 되어, 개는 바로 코앞까지 와서는 달아나 버리곤 해서 주인을 애태운다. 그럴 때는 절대로 쫓아가서는 안 된다. 오히려 아랑곳도 하지 않고 혼자 집 쪽으로 걸어가 버리면, 개는 혼자 남겨지는 것이 불안해서 뒤따라오게 되어 있다.

그리고 개가 곁에 왔을 때 결코 때리거나 야단을 쳐서는 안 된다. 그때는 화가 나도 꾹 참고 잘했다고 머리를 쓰다듬어 주어야 한다. 이것은 경험이 있는 사람이라면 이해할 수 있는 일이지만, 울컥하는 감정을 억제하는 것은 쉬운 일이 아니다. 자기도 모르게 욱해서 바보 같은 녀석! 하고 호통을 치고 만다.

때리는 입장에서는 불러도 오지 않아서 내가 화가 났다, 나를 화나게 하지 않으려면 빨리 돌아와야 한다는 걸 가르칠 요량일 것이다. 그러나 개는 그렇게 받아들이지 않는다. 기껏 옆에 갔는데도 이 사람은 나를 심하게 때렸다, 혼나기는 싫으니까 앞으로는 될 수 있으면 가까이 있지 말아야겠다고 생각한다.

강아지와 대화를 나누는 방법

일본 아키타종

　여기서 주인과 개는 완전히 반대로 생각하고 있는 것이다. 그것을 몇 번 되풀이하다보면, 개는 한번 풀어줬다 하면 아무리 불러도 곁으로 돌아오지 않게 되고 만다. 머리가 좋다고 자부하는 인간은 잘 생각해볼 문제다.

동물들이 무엇을 좋아하는지 알자
　동물에 대한 기본적인 생각에서 한 걸음 더 나아가 동물과 지내는 데 있어서 꼭 필요한 것─즉 그들이 인간과 살아가면서 무엇을 좋아하고 무엇을 싫어하는지를 눈여겨보자. 그것을 한 마디로 말하면, 각각의 동물이 종(種)으로서 지니고 있는 삶, 즉 생태를 존중하는 것이다.
　그것은 야생동물을 키우든 가축을 키우든 마찬가지이다. 가축으로서 인간에게 사육되면서 오랜 세월에 걸쳐 원래의 야성이 변한 동물이라 해도, 먼 조상의 피는 면면히 흐르고 있다. 개의 조상은 늑대이다. 늑대는 가족을 이루고 살며, 먼 길을 달리는 데 뛰어나고, 집단이 협력하여 사냥을 하며, 같은 늑대끼리 인사를 잘 나누고, 한쪽 다리를 들어 오줌으로 표시하며 걷는다. 이것은 모두 개의 생활 속에도 나타나고 있다.

동물이 우리 인간도 동물임을 가르쳐준다

우리는 지금까지 동물과 친구가 되어 그들과 대화하는 것의 즐거움과 어려움을 보아왔다. 그러나 아무리 어려운 일이라 해도, 동물과 가까워지고 그들을 진정으로 이해하는 것의 가치는 쉽게 사라지지 않는다. 그 증거의 하나로서 오스트리아의 세계적인 동물 행동학자 콘래드 로렌츠의 뛰어난 지적을 들 수 있다.

로렌츠는 어느 날 자연에 상당히 가까운 상태에서 사육되고 있는 늑대의 무리 속에서 두 마리의 늑대가 싸우는 광경을 목격했다. 무섭게 뒤엉켜 싸우다가 이윽고 강한 쪽이 약한 쪽을 바닥에 쓰러뜨리고 제압하게 되었다. 그런데 갑자기 영화 화면이 정지한 것처럼, 치열한 싸움이 딱 중단되고 말았다. 약한 쪽에서 뭔가 항복 신호라도 보낸 것일까.

패자는 그대로 승자에게 자신의 가장 약한 곳, 즉 목덜미를 가만히 내밀었다. 승자는 그 목덜미를 향해 아직도 격분을 드러내고 있는 날카로운 엄니를 가져갔다. 그것은 당장이라도 그 증오스러운 상대의 목덜미를 물어뜯으려는 형상이었다.

곰을 추격하여 공격하는 사냥개

그러나 승자는 패자를 죽이지는 않았다. 이따금 무서운 엄니를 갈면서 허공을 물어뜯을 뿐이었다. 로렌츠는 이렇게 말한다.

"이 승자는 상대를 갈기갈기 찢고 싶다는 충동에 사로잡혀 있는 것이다. 그러나 그는 그렇게 할 수가 없다."

즉 늑대가 지니고 태어난, 또는 유전으로 물려받은 것으로서, 그는 쇠사슬에 묶인 것처럼 같은 동족을 죽이는 행위가 금지되어 있다.

로렌츠는 덧붙여서 이렇게 묻고 있다.

"과연 인간은, 항복하고 목을 내밀고 있는 상대의 목을 치는 짓을 하지 않는다고 할 수 있을까?"

늑대에게는 자제심과 기사도 정신이 있지만 인간에게는 그것이 없다는 등의 단순한 비교를 하자는 것이 아니다. 인간 역시 이러한 '동족 살해'를 억제하는 자질을 타고 난다. 그러나 문명이 발달해 가는 가운데, 어딘가에 그것을 내팽개치고 잊어버린 것이다. 동물을 이해하고 친구로 삼는 것은, 바로 인간들이 '잊어버린 것'을 떠올리게 해주는 가장 좋은 방법인 것 같다. 왜냐하면 인간 역시 '동물'임에 다를 바가 없기 때문이다.

3 동물은 인간의 마음을 진심으로 이해할까?

인간은 적인가 친구인가, 아니면 '이웃'인가

원숭이는 이만한 능력이 있고, 말은 이러한 성질이 있으며, 개가 진심으로 좋아하는 것은 이런 것이다—동물들의 거짓 없는 자세에 대해 알고 그들에 대한 오해를 없애는 것이 진정한 의미에서 친구가 되기 위한 첫걸음이다.

그렇다면 동물들은 우리 인간을 어떻게 보고 있을까? 동료로 보고 있을까, 아니면 아무 관계도 없는 것으로 생각하고 있을까? 위험한 동물일까, 아니면 무해한 동물일까……. 이 장에서는 동물들의 눈에서는 인간이 어떻게 비치고 있을지를 생각해 보자.

인간끼리도 상대가 어떤 성질의 사람인지 판단하는 동시에, 상대는 나를 어떻게 보고 있을까 아울러 생각하지 않으면 원만한 대화는 불가능할 것이다. 동물과의 경우에도 그 조건은 똑같다.

가능하다면 동물들의 입에서 "나는 당신을 이렇게 생각하고 있습니다." 하고 털어놓아 준다면 좋겠지만, 애석하게도 그렇지 못한 현실이다. 그렇다면 그들의 표정과 태도를 주의 깊게 관찰하여 판단하는 수밖에 없다. 무엇보다 먼저 말할 수 있는 것은, 하등한 동물을 제외하고는 어떤 동물이든 저마다 흥미를 가지고 인간을 바라보고 있다는 것이다.

개와 말 같은 가축은 말할 것도 없고, 야생동물도 그러하다. 아니, 오히려 야생동물일수록 인간을 더욱 주목하고 있다.

지금까지 인간을 한 번도 본 적이 없는 동물은, 낯선 인간에 대해 무지하기 때문에 인간이 옆에 있어도 달아나지 않는다. 그저 쳐다보고 있을 뿐이다. 무엇을 보고 있을까―. 이 정체를 알 수 없는 생물은 도대체 우리에게 무엇을 하려는 것일까, 아니면, 그냥 거기에 있을 뿐인 걸까―그렇게 생각할지도 모른다. 인간이 동물 주위에 있을 때, 일단 인간이 그들에게 아무 짓도 하려 하지 않는다는 것을 알면, 동물들은 안심하고 서서히 곁에 다가오기도 한다.

사납기로 유명한 하이에나나 코끼리도 마찬가지다. 에티오피아에서는 깜짝 놀랄 만큼 사람들 가까이 하이에나가 다가오고, 우간다의 호텔에서는 야생 코끼리가 사람 앞 20미터 정도까지 걸어와서 유유히 풀을 먹기도 한다. 카메라를 봐도 아무렇지도 않은 기색이다.

또 케냐의 국립공원에서는 코끼리 떼 속에서 사람이 탄 자동차가 오도 가도 못하고 서 있는 일도 있다. 코끼리 떼가 이동해 와서 그만 그 무리 속에 갇히고 마는 것이다. 그러나 이쪽에서 움직이지 않고 있으면 코끼리들도 사람을 무시하고 태연하게 풀을 뜯어먹으면서 이동해 간다.

동물원에서만 동물을 대하다 보면 코끼리든 뭐든, 자칫하면 '인간이 동물을 사육하고 있다'는 기분에 사로잡히는 일이 있다. 그러

러시아 보르조이

강아지와 대화를 나누는 방법

다가 야생동물과 마주치기라도 하면, 신기하게도 잊혀져가고 있던 그들의 존재감에 압도되어 '인간은 참으로 작은 존재'라는 느낌이 겸허히 들게 된다. 야생 속에서는 인간이나 동물이나 대등하다—는 그 신선한 감동이 물밀듯 밀려와 견딜 수 없는 매력으로 다가온다.

일반적으로 야생동물은 동료를 만들고, 때로는 투쟁도 하고 서로 사랑하기도 한다. 그러나 그들의 사회행동은 모두 같은 종안에서의 일이지, 다른 종과의 관계는 서로 먹고 먹히는 관계 외에는 기대할 게 별로 없다.

상대가 자신을 잡으려고 하면 얼른 달아나지만, 그렇지 않으면 의외로 그 존재에 대해 무심하다. 마치 나무와 꽃을 물끄러미 보듯 상대의 태도를 멀뚱멀뚱 본다. 그러다가 포악한 인간이 동물의 신뢰를 배신하고 그들을 잡으려 하거나 폭력을 휘두르려 한다면 당장 경계하고 말 것이다.

그런데 안타깝게도 동물 중에도 경계심이 강한 것과 느긋한 것이 있다. 평소에 외적이 다양하게 출몰하는 지역에 살고 있는 동물은 위험에 대한 반응이 빠르지만, 외딴섬이나 외적이 거의 없는 변경에 사는 동물은 순하고 눈치가 둔한 데가 있다. 이윽고 그들이 인간은 위험한 외적이라는 것을 깨달았을 때는, 그 종족 유지에 치명적인 타격을 입은 뒤인 경우가 많다.

그리하여 멸망의 길로 내몰리고 만 예로, 모리셔스 제도의 도도새와 남미 남단에 살았던 포클랜드 늑대를 들 수 있다.

자세를 낮추면 돌아오는 개

시선의 위치와 관련하여, 그것을 바꾸면 상대의 반응이 어떻게 변할까 하는 재미있는 관점이 있다. 그것을 개 훈련을 통해 경험한 사람이 있을 것이다.

개를 훈련하는 첫 단계로서 '이리와' 라고 하는 명령이 있다. 부르면 곧 주인 곁으로 돌아온다. 뭐야, 그 간단한 것을? 매일 먹을 것을 주고 돌봐주는데 부르면 오는 거야 당연하지, 하고 생각하는 사람이 있을지 모른다.

그런데 그렇지 않은 경우도 상당히 많다. 목줄을 풀어주면 개는 기뻐하면서 폴짝폴짝 뛰어다닌다. 주위에는 개의 흥미를 끄는 것들이 가득하다. 아무리 불러도 돌아오지 않는다. 그러는 사이에 주인은 화가 난다. '요 녀석이!' 하고 생각하면서 붙잡으려고 이리저리 쫓아다닌다. 개는 재미있는 장난이라도 치는 줄 알고 더욱더 달아난다. 마침내 주인은 화가 나서 붙잡히기만 하면 가만두지 않겠다고 생각하기 시작한다. 그러면 이상하게 그 기색이 개에게도 전달되어 혼나기 싫어서 더 달아나고 만다.

그것만큼 화가 나는 일은 없지만, 그렇다고 감정대로 해대는 것은 어리석기 짝이 없는 일이다. 조금 냉정하게 생각해 보자. 우선 시선의 위치를 바꿔보자. 그 자리에 주저 앉아보는 것이다. 그것만으로도 개의 태도는 확 달라진다.

서 있을 때는 금방 곁에 왔다가도 손을 내밀면 홱 하고 달아나 버린 개가 얌전하게 돌아오는 일이 많다. 그런 경우, 개도 어느 정도 주인을 화나게 해서는 안 되겠다고 느끼고, 조용히 다가와서 상대를 달래주려고 얼굴을 부드럽게 핥는 일이 많다.

그러므로 그런 때는 인간 쪽에서는 절대로 개를 때려서는 안 된다. 개와 인간의 이해심에는 자연히 차이가 있어서, 개는 불러도 금방 오지 않았기 때문에 혼이 나는 걸로 결코 생각하지 않는다.

불러서 곁에 갔는데, 무엇 때문인지 주인은 무서운 얼굴을 하고 때렸다. 맞지 않으려면 앞으로는 되도록 곁에 가까이 가지 말아야겠다고, 인간이 시도하는 것과는 반대로 가버리는 경우가 많다. 그러므로 그럴 때는 머리가 좋은 인간이 냉정해져서 개의 마음으로 생각해야 한다.

앉는 것만으로 개가 돌아오지 않을 때는 어떻게 해야 할까? 땅에 누워버리면 된다. 그러면 십중팔구 개는 거의 돌아온다. 여기에는 쓰러져 버린 동료에 대해 '무슨 일이지?' 하는 호기심이 작용할지도 모른다.

집단생활을 하는 동물은 동료의 위급에 대해서 특히 민감하게 반응한다. 평소와 다른 자세는 상대의 관심을 강하게 끈다. 지금까지 서 있던 동료가 갑자기 쓰러져버렸다, 도대체 무슨 일일까? 개는 그런 식으로 느낄지도 모른다. 그리고 그것보다 더욱 예상할 수 있는 것은, 몸높이가 불과 50cm정도인 개에 대해 주었던 위압감이 완전히 사라진다는 점도 있다.

4 동물의 '언어'를 어떻게 알아들을 것인가

동물은 인간에게 끊임없이 말을 걸고 있다

동물들은 인간의 표정과 몸짓을 민감하게 파악하여 인간의 마음을 읽는다. 그런데 인간의 동물에 대한 관찰은 참으로 허술하기 짝이 없다. 언어나 문자에 의지하여 커뮤니케이션해온 인간에게는 그것도 무리가 아닐지 모른다. 그러나 동물처럼은 아니더라도, 하다못해 좀 더 주의 깊게 그들을 보면 참으로 다양하게 의사표시와 감정표현을 하고 있음을 알 수 있다.

알게 모르게 동물들은 끊임없이 인간에게 말을 걸고 있다. 이런 말을 하면 의외로 생각할지 모르지만, 어쩌면 동물들은 인간과 '대화'하고 싶어서 안달이 나 있다고 할 수 있다. 개와 고양이, 말 같은 가축은 말할 것도 없고, 우리 속에 갇혀 있는 야생동물이 더욱더 인간과의 접촉을 원하고 있는 것으로 생각된다.

이를테면 동물원 운동장에서 놀다가 방으로 돌아온 사자 중에는, 인간이 방에 가까이가면 가만히 다가오는 것이 있다. 그리고 뭔가 말하고 싶은 듯이 이쪽의 얼굴을 올려다보기도 한다. 그런 광경을 보면, 애완동물로 생각하는 개와 고양이보다 더욱 사람을 따르는 것이 아닌가 하는 생각이 들 정도이다. 물론 그렇다고 해서 섣불리 손을 내미는 짓을 해서는 안 된다……. 그것은 생각건대, 동물원에 온 동물은 의식주가 충족되고 있어서 뭔가 다른 자극을 원하는 것이라고 생각할 수 있다. 달리 표현하면, 무료해서 인간과의 교류를 통해 또 다른 자극을 찾고 있는 것은 아닐까?

그것은 사육되고 있는 동물에만 한정된 것은 아니다. 야생동물의 행동을 조사한 연구자 중에도 고릴라와 침팬지, 늑대 등과 허물없이 친해진 사람의 이야기가 많이 있다. 그런 동물은 반드시 어릴 때 구조되어 인간의 손에 길러진 것은 아니다. 동물들이 그들의 자유의지로 인간에게 다가온 것이다.

영국의 연구자 제인 구달 여사의 침팬지 이야기를 읽으면 마지막에 매우 감동적인 이야기가 나온다. 침팬지와 아주 친해진 구달 여사가 어느 날 커다란 수컷 침팬지와 나란히 앉아 있었다. 그 눈앞에 나무 열매가 하나 떨어져 있었다. 구달 여사는 그것을 주워 침팬지에게 내밀었다. 침팬지는 먹고 싶은 마음이 없어서 구달 여사의 호의를 무시했다. 그러나 그녀가 계속 나무열매를 내밀고 있으니, 침팬지는 그것을 받아서 밑에 내려놓고 그녀의 얼굴을 가만히 쳐다보더니 그녀의 손을 잡았다. 침팬지는 구달의 호의에 예의 바르게 응답한 것이다.

생김새가 다른 동물과 이렇게 대화가 가능한 동물은 인간 말고는 없을 것이다. 돌고래가 고래에게 아무리 말을 걸어도 둘은 친해지지 않을 것이다. 예외는 있다고 해도, 대부분의 동물들에게 다른 종류의 동물은 적이거나, 아니면 무해하고 무관한 존재이기 때문이다.

다만 인간만이 다른 동물에 대해 그들의 커뮤니케이션 구조를 이해하고 그것을 '대화'에 활용할 수 있다.

게다가 인간은 불행인지 다행인지 신체적으로는 특수화가 진행되지 않아서 많은 원시성을 갖추고 있다. 특수화가 진행되지 않았다는 것은, 달리 말하면 다른 동물에 '맞춰서' 살 수 있다는 이점이 된다. 호기심이 왕성하고, 식성은 잡식성, 모든 환경에 적응하여 생활권을 넓힐 수 있는 가능성을 가지고 있는 것이다.

우리는 동물들이 건네는 말에 충분히 응답할 수 있는 유일한 동물이다. 그것은 자랑으로 여길 만한 점이다. 인간에게 흥미를 가지고 저쪽에서 다가오려고 하는 동물을 인간불신에 빠뜨리는 것은 다름 아닌 우리 자신이라는 것을, 여기서 크게 반성해 볼 필요가 있다.

그럼 인간과 가장 가까운 동물인 개와 고양이가, 어떤 마음일 때 어떤 표정과 몸짓을 하는지 살펴보자.

〈개〉
●평온한 기분일 때
개뿐만 아니라 동물의 표정은 귀, 눈, 입, 꼬리에 나타나는 일이

많다. 얼굴에는 피근(皮根)의 일종으로 표
정근이라고 하는 얇은 근육이 피하에 있
어서 그것을 움직여 다양한 표정을 만들어
낸다. 이 근육은 인간이 가장 발달해 있는
데, 사람의 표정이 풍부한 것은 바로 그 때
문이다. 동물의 경우 표정근은 입 주위가
잘 발달해 있는 것 같다.

기분이 좋을 때, 개는 귀가 반쯤 서 있고 긴장하지 않으며 눈길
도 부드럽다. 그리고 입은 느슨하게 닫혀 있다. 꼬리는 축 늘어져
있거나 가볍게 들려 있어 몸도 편안해 보인다.

배는 부르고, 운동도 충분히 했고, 주인도 바로 곁에 있고, 몸은
어디에도 아픈 데가 없다. 그렇다고 기뻐서 흥분하여 뒹굴고 있는
것도 아니고, 지금은 그저 기분이 좋다고 느끼고 있을 뿐이다. 경
우에 따라서는 목에서 아아, 우웅 하는 소리를 낸다.

●불안을 느낄 때

개는 익숙하지 않은 사람들 속에 있거
나 자기보다 강해보이는 개를 발견했을
때, 또는 자기가 주인한테 혼날까 봐 걱정
하고 있을 때는 공포심이나 경계심과는
약간 다른 불안한 기분에 쉽게 사로잡힌
다. 개의 성격에 따라서는 그다지 불안을
보이지 않는 개도 있지만, 만약 개가 다음

과 같은 표정, 몸짓을 하고 있으면 명백하게 불안을 느끼고 있다고 봐도 무방할 것이다.

귀를 축 늘어뜨리거나 아니면 사방에서 들려오는 소리를 듣기 위해 바쁘게 움직인다. 그 동작에는 안정감이 없고, 시선도 두리번 두리번 고정되지 않는다. 그저 조용히 눈을 치뜨거나 곁눈으로 상대를 관찰한다. 꼬리는 내리고 허리를 약간 낮추어 몸에는 탄력이 없어 보인다. 이처럼 불안을 느낄 때 끙끙거리는 신음 소리를 내는 일도 있다.

●불쾌감, 분노, 위협을 나타낼 때

이때는 귀를 뒤로 젖히고, 입술을 일그러뜨리며 엄니를 조금 내 보인다. 귀를 뒤로 젖히기 때문에 눈이 위로 올라가 곁눈으로 상대를 본다. 우우 하는 낮은 신음소리를 내는데, 불쾌감의 정도가 약할 때는 엄니를 보이지 않고 으르렁거리기만 하는 경우도 있다. 꼬리는 내려가 있는 경우, 올라가 있는 경우, 가늘게 흔들고 있는 경우가 있다.

그럴 때 개는 대개 "나에게 상관하지 마. 혼자 있게 내버려 둬" 하고 말하고 있는 것이다.

때로 그르르릉 하고 작게 으르렁거리면서 자신의 불만을 표현하기도 한다. 그것은 마치 "알았으니 이제 그만 좀 하세요" 하고 말하는 것 같다. 수상한 것이 접근하면, 컹, 하고 경보를 발하기 전에 그르르릉 하고 낮게 신음할 때도 있다. 불쾌감이 강해서 다가오면 물어버릴 테다 할 때는, 그르르릉이 아니라 크르르릉! 하면서 무시무시한 소리를 낸다.

그런데 진짜로 상대를 해치우려고 할 때는 오히려 소리를 내지 않는 경우가 많다. 으르렁거릴 때는 공격보다 자신의 불쾌한 기분을 상대에게 보여주면서, "썩 꺼져. 안 그러면 물어버릴 테다" 하고 위협하는 것이다.

개가 우는 소리라고 하면 컹! 하고 짖는 소리가 있다. 무언가를 경계하고 있을 때 나오는데, 이 컹! 하는 소리도 똑같은 것이 아니라 상황에 따라 조금씩 차이가 있다. 고양이에 대해, 낯선 사람에 대해, 라이벌 개에 대해 각각 다른 컹!으로 응하는 것이다. 그 차이는 글로는 표현하기 어렵고 늘 돌봐 주는 주인만 이해할 수 있다. 그것을 아는 것도 개와 주인을 이어주는 끈 때문이 아닐까?

모르는 사람에게는 컹, 컹, 컹! 하고 딱딱 끊어지는 소리, 아는 사람에게는 밝은 소리, 고양이에게는 강한 기세로 컹! 컹! 라이벌에게는 컹컹컹컹컹! 하는 사나운 소리 등이 있다.

● 공포나 경외심을 느낄 때

꼬리를 뒷다리 사이에 말아 넣고 허리를 낮춘 뒤, 머리를 숙여 몸을 최대한 한 작게 하려고 한다. 귀를 뒤로 바짝 늘어뜨리므로 눈이 다소 올라간다. 극심한 공포로 비명을 지를 때는 눈을

크게 뜨고 입도 크게 벌리고 짖는다.

개가 무슨 실수를 하여 주인에게 혼날 때도 꼬리를 내리고, 허리를 낮추고, 귀를 늘어뜨린 채 슬금슬금 구석으로 기어가듯 간다. 이때는 곁눈질을 하는 경우가 있다.

고통, 공포, 슬픔을 나타내는 목소리로는 일반적으로는 깨갱! 하는, 말하자면 비명소리가 있다. 이것도 그 감정의 정도에 따라서 강약이 있다. 이를테면 느닷없이 밟힌 정도의 고통이라면 깨갱 한 번으로 끝난다. 그것은 사람이 "아얏!" 하는 정도이다. 그런데 자동차에 치이는 등 심한 고통일 때는 깽, 깨갱, 깨갱, 깨갱 하면서 연속적으로 사납게 비명을 지른다. 강아지는 발을 밟힌 정도에도 깨갱, 깨갱, 깨개개갱 하고 콧소리를 내면서 마치 흐느껴 우는 아기 목소리와 비슷하다.

이 깨갱은 싸움을 하다가 한쪽이 심하게 물렸을 때도 나오고, 갑작스러운 소리에 놀라 달아날 때도 나온다. 주인이 심하게 화가 나서 때릴 때처럼 슬픈 기분을 느낄 때의 목소리이기도 하다.

공포와 고통이 섞였을 때는 비명이 더 커지고 쉬지 않고 계속되며 날카롭다.

강아지가 태어난 집을 떠나 낯선 집에 들어간 경우, 흔히 밤이 되어 예전 집을 그리워하며 울어서 주인을 난처하게 한다. 그런 때 우는 소리는 우우우-웅, 낑낑, 끙끙끙, 커엉,

등 다양하다.

"집에 돌아가고 싶어."

"엄마가 보고 싶어."

이런 감정으로 생각하면 거의 틀림없다.

같은 고통을 나타내는 소리라도 병으로 배가 아플 때는 깨갱거리지 않는다. 가만히 웅크린 채, 이따금 우~웅 하고 작게 신음하면서 고통을 견딘다.

●상대에게 항복할 때

강아지가 큰 개를 만났을 때 큰 개가 킁킁 냄새를 맡으면, 흔히 지면에 발랑 드러누워 배를 보여주는 경우가 있다. 그러면 상대는 온몸을 구석구석 냄새를 맡은 뒤 아무 일도 없었다는 듯이 가버린다. 강아지는 그런 태도를 취할 때 쪼록 하고 오줌을 싸는 경험이 있을 것이다. 이것은 전면 항복하는 태도이다. 그렇게 하면 상대도 위해를 가하지 않는다. 게다가 강아지는 충성스러운 개와 달리 아직 젖비린내가 나기 때문에 냄새로도 알 수 있다.

성견끼리 힘이 월등하게 차이가 있을 때는, 약한 쪽이 강한 쪽 앞에 웅크리고 앉아 머리를 강한 쪽으로 내민다. 예를 들어 강한 개를 A, 약한 개를 B라고 하자. B는 A가 자기를 냄새 맡고 있는 동안 지면에 납작 엎드려서 얼굴만은 계속 A쪽을 향해 몸을 굳히고 있다. 심지어 꼬리 쪽의 냄새를 맡으면 뒷다리를 약간 들어 올려주기도 한다. A는 검사가 대충 끝나면 그대로 가버리지만, B는 가만히 있는 경우와, 꼬리를 흔들면서 몸을 낮춘 자세로 A의 입을 핥으러 졸졸 따라갈 때가 있다. 이것은 강아지가 어미 개에게 몸을 핥게 내맡길 때의 자세와 비슷하다. 어린 동물에 가까운 자세는 상대의 공격심을 억제시키는 걸까?

그렇게 냄새를 맡게 내맡기고 있는 것은, 약한 쪽에게는 그다지 기분 좋은 일이 아닌지, 얼굴과 태도에 불안한 표정이 나타나 있는데, 만약 도중에 달아나려고 하면 물리는 일이 많다. 몸을 상대에게 무방비 상태로 내미는 이 동작은 늑대에게서도 볼 수 있다. 그렇게 하면 강한 쪽이 상대를 공격하지 않아서 피 흘리는 사태를 피할 수 있다고 한다.

강력한 무기인 엄니를 가진 것끼리는 서로 상처를 주는 일을 피하기 위해 확실하게 항복 신호를 함으로써 상대의 공격심에 제동이 걸리도록 하고 있다. 모든 동물에게 제각각 고유한 이 제어기구가 작용하는데, 작용하지 않는 것이 단 한 종 있다. 그것은 다름 아닌 우리 인간으로, 개개의 투쟁에서 대규모 전쟁까지 포함하여 모든 수단을 이용하여 추하게 서로 죽고 죽이는 것이다.

그것은 아마도 인간이 너무나 비생물적이 되어버렸기 때문인 것 같다. 스위치 하나로 사람을 죽일 수 있는 지금은, 상대의 처절한 표정이 보이지 않기 때문에 양심의 가책을 받지 않고 죽일 수 있는 건지도 모른다. 그리고 상대도 그것에 대한 보복수단으로 응한다. 동물들은, 싸울 때는 자신에게 갖춰져 있는 무기로 싸운다. 그것은 또한 양식을 얻는 데도 필요한 것이다. 그들의 생활은 안전을 제일주의로 삼는데, 하찮은 싸움으로 자신에게 해를 끼치면 자업자득으로 공멸하는 수도 있다.

인간도 자신의 능력만 믿고 싸울 때는, 생물적으로 그렇게 심한 일을 할 수 없을 텐데, 자신의 힘 이상의 무기를 가졌기 때문에 비생물적이 되어버린 것이 아닐까. 그리고 지금은 자신이 만든 기계에 지배당하고 있다. 게다가 인간은 서로 거짓말을 하면서 속이고 있기 때문에, 설령 한쪽이 화평을 제안한다 해도 어느 쪽도 신뢰하지 않게 되는 악순환도 있을 것이다. 이러한 것들은 모두 인간 스스로 만들어낸 자업자득이라고 하겠다.

동물도 때로는 교활한 생각을 하지 않는 것은 아니지만, 잔인무도한 인간에 비하면 단순하고 악질적인 것은 아니다.

● 자신감이 있을 때

"난 강해."

"너 따윈 한입거리도 안 돼."

이런 기분일 때의 개는 사지를 힘차게 딛고 몸을 쭉 늘리면서 발돋움하고 서 있다. 꼬리는 팽팽하게 힘이 들어가서 곧추 선다. 입술은 꼭 다물고, 주름을 만들어 엄니를 드러내지는 않는다. 귀는 상대에게 달려드는 순간까지 빳빳하게 세운 채 앞쪽을 향하고 있다. 눈은 미동도 하지 않고 상대를 주시한다. 보통은 소리를 내지 않지만, 이따금 약간 신음할 때도 있다. 그럴 때는 위험하며, 개끼리라면 일촉즉발로 싸움으로 발전해 버린다.

개에 대해 잘 모르는 사람에게는, 엄니를 드러내거나 귀를 뒤로 젖히고 있는 것이 더 사납고 무서워 보인다. 그러나 그런 표정은 앞에서도 말한 것처럼 위협이나 경고를 발하고 있을 때, 또는 가능하면 싸우고 싶지 않은 기분일 때 나타난다. 그럴 때 개의 경고를 무시하고, 개에게 더욱 다가가거나 손을 내밀면, 개는 더 이상 달아날 수 없다고 자포자기한다. 그리고 궁지에 몰린 쥐가 고양이를 무는 것처럼 맹렬하게 반격해 온다. 말하자면 어쩔 수 없는 공격인 셈이다.

그런데 자신감에 차 있을 때의 개는 그러한 경고와 위협을 거치지 않고 다짜고짜 상대를 공격한다. 그것은 바로 늑대가 사슴 같은 사냥감을 몰아서 최후의 일격을 가하기 위해 자세를 취할 때의 표정과 같다.

●응석을 부릴 때

몸 전체가 유연하고, 꼬리를 쉬지 않고 흔들며, 상대에게 다가가서 얼굴을 핥으려고 한다. 귀에도 힘이 들어가지 않고 눈빛은 평온하다. 끼잉끼잉 하며 콧소리를 낼 때가 있다. 개들은 주인에게 응

석을 부릴 때 언제나 얼굴을 핥고 싶어 한다. 그것도 반드시 입을 핥으려 한다. 그것은 개끼리 인사할 때도 마찬가지다. 강아지가 어미 개에게 응석을 부릴 때, 친구와 함께 놀 때도 상대의 입을 열심히 핥는다. 그것은 강아지가 어

강아지와 대화를 나누는 방법

미 개에게 먹을 것을 조르는 동작에서 온 것인지도 모른다.

그런데 참으로 신기한 것은, 종류가 다르고 얼굴 생김새도 다른 동물들이 만나도 서로 상대의 입이 입인 줄 안다는 사실이다. 그것은 또 먹잇감을 잡을 때도 적용된다. 육식동물은 무턱대고 사냥감을 물어뜯어 죽이는 것이 아니라, 급소를 잘 알고 있다.

고양이는 새와 쥐의 경추 사이에 엄니를 찔러 넣어 척수에 상처를 내어 죽이고, 사자는 영양과 얼룩말의 목과 코를 물어뜯어 글자 그대로 사냥감의 숨통을 끊어 질식시킨다.

새끼는 어미를 모방하여 사냥하는 법을 배우는데, 그렇다고 해도 도대체 그들은 코와 목을 누르면 상대의 숨통이 끊어진다는 것을 어떻게 아는 걸까. 자신의 코도 상대의 코도 호흡을 하는 데 중요한 기관이라는 것을 알고 있는 것인가? 이런 사소한 것 하나만 봐도 자연계에는 우리가 모르는 신비로운 일들이 가득하다는 것을 알 수 있다.

개가 응석을 부리거나 뭔가 재촉할 때는 특유의 소리를 낸다. 낑낑, 쿵쿵 같은 코를 울리는 소리는 뭔가를 호소하고 있을 때이다. 요구의 정도에 따라 목소리의 강도가 다르다. 어쩐지 외로워서 친구가 오지 않나, 주인이 와서 함께 놀아주지 않을까 하는 생각만 해도 이런 목소리를 낸다. 산책 시간이에요, 하고 재촉할 때도 있고 배고픔을 호소하는 경우도 있다. 오줌이 마려운 경우와, 비가 와서 집 안에 들어가고 싶을 때도 운다. 그 상황은 일상생활 양식에 따라 다양하므로 주인이 판단해 줄 필요가 있다 처음에는 작은 소리로 불만과 요구를 표현하다가 주인이 반응하지 않으면 점점 큰소리를 내게 된다. 우우~~, 멍멍! 하는 소리가 섞인다. 사슬을 쩔렁쩔렁 끌거나, 문과 바닥을 북북 긁는 소리가 거기에 수반된다.

응석과 같은 것으로 더욱 적극적인 의미를 가지고 있는 것이 끙끙, 끼잉끼잉 하는 소리이다. 그것은 비교적 불만을 호소하는 소리에 가깝다.

●기쁨을 표현할 때

동작은 응석과 비슷하지만, 감정이 더 많이 들어 있고 동작이 격렬하다. 우우웅, 깨갱, 깨갱, 하는 환성이 수반된다. 꼬리를 세차게 흔들고, 귀도 세웠다가 눕혔다가 바쁘게 움직인다. 입은 벌리고 숨결은 거칠며, 몸을 비꼬거나 달려들어 얼굴을 핥으려고 한다. 상대의 주위를 뛰어다니기도 한다. 개에게 있어서, 혀를 날름거리며 상대의 입을 핥는 것은 애정의 표현이지만, 거기에 호응해주는 것은 그만 두는 것이 좋다. 개에게는 약간 안됐지만, 인축 공통 전염병도 있어 불결하기 때문이다. 다른 방법으로도 그들의 인사에 얼마든지 응답해 줄 수 있다.

이상이 대략 살펴본 개의 표정이다. 그밖에 개는 자기들끼리의 커뮤니케이션 방법으로 냄새를 이용한다. 거리에서 흔히 볼 수 있는, 전봇대에 오줌을 누고 있는 장면이 떠오를 것이다. 그것은 야생견인 늑대와 코요테도 마찬가지이다. 개의 오줌 속에는 각각 개 특유의 냄새물질이 들어 있어서, 전의 개가 오줌으로 마킹한 곳에 다른 개가 와서 맡으면, 상대의 성별과 힘의 정도, 신참자인지 아닌지, 어디의 누가 온 것인지 알 수 있다. 동물은 사람에게 사육

되지 않는 경우, 자신의 영역을 정하기 위해, 그 영역이 있는 곳에 배설물을 뿌리거나 몸을 비벼서 자신의 영역임을 표시하면서 걷는다.

개는 거리에서 전봇대의 냄새를 맡고나면, 그 뒤 반드시 자신의 오줌을 스프레이해 둔다. 이 냄새를 묻히는 행동은 수캐 쪽이 당연히 횟수가 많지만, 암캐도 발정기에 들어서면 평소보다 여기저기 배뇨하면서 걷는다. 자신에 대한 정보를 흘리고 있는 셈이다.

이 오줌을 누는 동작을 가만히 보고 있어도 재미있다. 상대가 명백하게 강한 개인 경우에는, 약한 개는 미안한 듯이 오줌을 조금만 뿌리고 간다. 자신이 강하다고 생각하면 오줌을 높이 뿌린다. 그리고 같은 자리에 여러 번 뿌려서 냄새를 강하게 풍기려고 한다.

개들은 그렇게 산책 코스를 한 바퀴 도는데, 목줄에 매여 있는 개는 이 산책 코스를 자신의 영역으로 본다. 개가 산책을 좋아하는 것은 운동을 하는 것 외에, 세상에 떠도는 정보를 알고 싶은 마음이 있기 때문이다. 우리가 신문을 읽고 TV를 보면서 세상이 어떻게 돌아가는가 파악하듯이, 그들은 킁킁거리며 냄새를 읽는다. 이 행위를 통해 자신의 영역 안에 사는 이웃의 동정을 알고 싶은 것이다. 어느 길모퉁이에 예쁜 암캐가 있다. 오늘은 어떨까, 어떤 뉴스가 들어와 있을까, 빨리 그것을 알고 싶은데. 그들은 이런 것을 생각하면서 산책하러 나갈 시간을 기다리고 있다.

개는 기쁠 때 어떤 소리를 낼까? 끼이이잉, 깨갱 하는 소리로, 비명과 약간 비슷하지만 절박한 느낌은 없다.

기분이 좋을 때도, 자신도 모르게 야성을 되찾는 건지 이따금 먼 곳을 향해 짖는다. 야생시절의 동료를 부르는 흔적은 한밤중에 종종 들을 수 있다. 또 소방차 사이렌 소리, 하모니카 소리 등을 들으면 이와 비슷한 소리가 유발될 때가 있다.

동물들은 발성기관 구조의 차이에 의해 종류에 따라 목소리가 다르지만 공통점도 있다. 불쾌감, 분노를 나타내는 목소리는 개와 고양이, 사자 등 모두 공통된 신음소리이다. 어떤 동물이든 분노에 사로잡힌 소리에는 격렬한 느낌이 들어 있다. 그것과는 반대로, 마음이 평온할 때는 역시 사뭇 즐거운 듯이 목을 부드럽게 울리는 소리이다.

몇 가지 개의 언어를 살펴보자.

- 큰 소리로 길게 짖어댈 때-걱정스럽다, 외롭다, 확신이 필요해요.
- 반복해서 빠르고 크게 짖을 때-놀아줘! 쫓아와! 공이라도 던져줘!
- 반복적으로 낮은 소리로 짖을 때-내 가족으로부터 떨어져! 우리 집에서 당장 나가!
- 한 번이나 두 번 짖을 때-나 여기 있어, 뭣들 해요?
- 으르렁거리며 이를 내놓고 몸을 앞으로 길게 숙일 때-비켜! 날 내버려 둬요!
- 낮은 자세로 으르렁거릴 때-내게 다가오면 물어버리고 말 거야.
- 노래하는 것처럼 길게 소리 내 짖어댈 때-거기 누구 있어요? 무슨 일이에요?
- 거듭해서 짖어대거나 끄릉끄릉거릴 때-다쳤어, 무서워, 스트레스가 너무 심해, 보살펴 줘요.

강아지와 대화를 나누는 방법

꼬리는 개의 보디랭귀지 두 가지 의미가 있다

개는 주인을 보면 꼬리를 흔들면서 달려간다. 개가 꼬리를 흔드는 것은 반가움을 나타내는 것임을 누구나 잘 알고 있다. "안녕하세요!" 하는 인사 정도일 때는 꼬리를 살랑살랑 흔들고, 기쁨이 클수록 크게 휘두른다. 끊어져 나갈 것처럼 빠르게 꼬리를 흔들면서 달려들면, 그 무조건적인 애정에 주인도 얼어붙은 마음이 사르르 녹아든다.

개뿐만 아니라 동물의 꼬리는 몸의 균형을 잡는 역할을 한다. 또 개는 꼬리를 사용하여 의사를 전달하므로, 꼬리의 움직임을 관찰하면 개의 심리상태를 알 수 있다. 개 꼬리는 중요한 카밍시그널(개의 보디랭귀지)의 하나이다.

개가 꼬리를 세게 흔드는 경우는 두 가지가 있다. 하나는 너무 좋아서 흥분했을 때. 주인이나 좋아하는 사람을 오랜만에 만났을 때 그런 행동을 한다. 때로는 너무 흥분해서 오줌을 지릴 때도 있다.

그런데 반대로, 반갑거나 기분이 좋은 게 아닐 때도 꼬리를 세게 흔드는 일이 있다. 그것은 주인이 크게 꾸짖을 때이다. 이것은 "그렇게 화내지 마세요!" 하며 주인의 기분을 무마하려는 것이다. 상황에 따라 세심하게 판단하자.

●'꼬리 랭귀지'를 마스터하자!

사실 개의 심리상태를 꼬리만으로 판단하는 것은 어려운 일이다. 개의 기색을 살피면서 기본적인 꼬리의 감정 표현 '꼬리 랭귀지'를 확인하자. 그때의 심리상태를 아는 경우는, 꼬리를 포함한 몸 전체의 상태나 목소리 등, 종합적으로 개의 기분을 판단하기 바란다.

• 옆으로 크게 휙휙

자기보다 작은 개나 강아지가 장난을 걸어올 때 '아이 귀찮아 죽겠네' 하는 느낌.

• 꼬리가 올라갈 때

위엄을 보여주는 약간 강경한 상태. 꼬리가 높고, 자세도 똑바른 경우는 공격할까 말까 경계하고 있다는 사인이다.

• 꼬리를 위로 향하고 가늘게 흔들 때

흥분하거나 놀러가자고 할 때는 꼬리를 약간 높게 쳐들고 흔듦으로써 호의적인 사인을 보낸다.

• 꼬리를 위로 향하고 천천히 흔들 때

긴장상태를 나타낸다. 낯선 개나 사람에 대해 "다가오지 마!" 하는 건지도 모른다.

• 꼬리를 내리고 구불구불 흔들 때

꼬리가 내려가 있는 것은 온화한 기분의 표현. 구불거리듯이 흔드는 것은 어리광이나 복종의 사인.

• 꼬리를 내리고 가늘게 흔들 때

경계 또는 '기쁘지만 어떻게 할까?' 하고 난처해하는 기분이다.

• 꼬리를 뒷다리 사이에 끼울 때

상대에게 공포를 느끼고 '공격하지 말아달라'는 복종의 사인이다.

• 꼬리가 수평으로 뻗어있을 때

비교적 평온한 기분. '뭐 재미있는 일이 없을까?' 하는 기분도 들어 있을 듯하다.

• 꼬리가 거꾸로 서 있을 때

명백하게 공격 사인이다. 등의 털도 곤두서 있으면 확실한 공격 사인.

●개의 카밍시그널에 대하여

카밍시그널은 개의 보디랭귀지의 하나이다. 상대 개에 대해 "진정해", 자신에 대해 "침착하자"는 기분을 나타낸다.

•냄새를 맡기만 하고 나아가지 않는다

후각의 동물로 일컬어지는 개는 '냄새'를 통해 모든 정보를 얻는다. 이를테면 지면의 냄새를 맡고 '최근에 새로운 개가 등장했군. 주의해야겠다' 하는 정보를 얻는다. 낯선 개에게 다소 흥미가 있지만 모르는 척하고 지면의 냄새를 맡고 있는 것은, '나는 특별히 적의를 품고 있지 않다'는 메시지이다.

인간에게도 같은 메시지를 보낸다. 주인이 불러도 금방 오지 않아서 화를 내고 있으면, 개는 지면의 냄새를 맡으면서 돌아온다. 주인에게 '진정하세요' 하면서 달래는 행동이다. 산책 중에 서두르는 주인에게도 같은 행동을 한다.

•혼나고 있는데 하품?

주인에게 혼났다, 불쾌한 병원에 갔다, 낯선 개와 마주쳤다 등, 명백하게 졸음과는 거리가 먼 상황에서 하품을 할 때가 있다.

그것은 개 자신이 스스로 차분해지기 위해, 또는 상대를 진정시키려는 것이다.

- **혀를 내밀어 코를 핥는다**
주인에게 혼나거나 낯선 개가 자기 쪽으로 다가오는 등, 긴장상태에 있을 때 그런 행동을 한다.

- **몸을 옆으로 돌린다**
상대가 사람뿐이거나 개 한 마리뿐인 경우에는 상대가 흥분하는 것을 진정시키려는 의미가 있다.

- **몸을 긁는다**
긴장하거나 안정이 되지 않을 때 볼 수 있다. 스트레스 발산의 하나로, 자기 스스로 침착해지려는 것이다. 참고로, 사람이 침착하지 않거나 긴장하고 있을 때 머리를 긁는 것도 스스로 진정하려는 행위이다.

〈고양이〉

●응석을 부리거나 상대를 맞이하고 보낼 때

고양이의 경우는 어떨까? 사회생활을 하고 있는 동물일수록 다양한 몸짓을 많이 볼 수 있다. 그러나 혼자 사는 고독한 동물은 기분을 서로 전할 수 있는 상대가 늘 곁에 있는 것이 아니어서 몸짓이 많지 않다. 고양이를 자세히 보고 있으면, 때때로 다수가 모여서 부모 자식이 사이좋게 한집에서 사는 등, 좀처럼 고독한 동물이 아니다. 그렇다고 개처럼 그룹을 지어 사는 동물도 아니다. 고양이의 행동 속에는 그룹을 이루고 사는 사자와 비슷한 행동도 볼 수 있어서 완전 단독생활자와 그룹 생활자의 중간으로 보인다. 최근에 고양이류의 연구가 진행되어, 고양이과 35종 가운데 그룹생활을 하는 것은 사자 외에 집고양이, 치타로 알려져 있다.

주인이 외출에서 돌아오면, 고양이는 냐옹 하고 울면서 맞이해준다. 그리고 사람 다리에 자기 몸을 문지르며 지나간다. 그것은 머리를 비비고, 뺨을 비빈 뒤 몸의 측면을 비비는 일련의 동작들이다. 이때 꼬리는 들려 있다. 응석을 부릴 때도 고양이는 사람 몸에 자신의 몸을 문지른다. 이때는 몸보다 머리를 문지르는 것을 흔히 볼 수 있다.

이 동작은 사자의 인사 행동에

강아지와 대화를 나누는 방법

그대로 적용된다. 사자새끼는 어미나 성장한 수컷, 그밖에 프라이드(사자의 집단) 안의 선배에게 빈번하게 인사를 한다. 꼬리는 그때 보통 위로 세우고 있다.

• 부르는 소리. 보통 냐옹 하는 목소리로, 주인이 외출에서 돌아왔을 때 울면서 맞이해 준다.

• 먹을 것을 달라고 할 때. 강한 느낌의 냐옹. 재촉할 때는 입을 크게 벌리고 몇 번이고 되풀이한다.

●기분이 안정되어 있을 때

귀는 보통 서 있고 표정은 평온하다. 걷고 있을 때 꼬리는 위로 서 있기도 하고 내려져 있기도 한다. 그럴 때는 목을 그르르릉, 골골골 울리며 소리를 낸다. 그렇게 목을 울리는 것은 고양잇과의 특징으로, 표범이나 살쾡이는 고양이처럼 울리지 않는다. 그러나 퓨마는 체격은 커도 고양잇과에 속하며 목을 울릴 수 있다.

●불안, 약간의 공포

야옹야옹 울면서 안절부절못한다. 귀는 조금 뒤로 젖혀지고 입술도 뒤로 당겨져 있다. 따라서 수염도 뒤로 향한다. 이때는 꼬리를 내리고 어쩔 줄 몰라 한다.

●분노와 공포

이 두 가지 감정은 함께 섞여서 나타난다. 고양이는 강적의 접근에 대해 몹시 두렵지만 달아날 수 없을 때는, 다가오면 물어버릴 거라고 위협하는 표정이 나타난다. 귀는 뒤로 강하게 젖혀지고 눈이 올라간다. 입술이 일그러지고 엄니가 드러난다.

입은 보통 열려 있고 날카로운 신음소리가 새나온다. 몸은 굳고 등은 둥글게 올라간다. 온몸의 털이 병을 세척하는 브러시처럼 곤두선다. 위협하고자 하는 마음이 강할 때, 고양이는 발돋움을 하고 서서 최대한 몸이 커 보이게 하면서 비스듬한 자세로 상대에게 서서히 다가간다.

꼬리는 짧으면 쳐들지만, 긴 꼬리인 경우는 꼬리 아랫부분만 쳐든다. 그리고 상대에게 하악! 하고 거친 숨결을 토해내며 날카로운 앞발로 공격하려고 한다. 두려움이 강할 때는 바닥에 웅크리고 앉아 목을 집어넣고, 몸을 긴장시켜 위협하면서 가능하면 상대에게서 멀어지려고 한다. 그러나 상대가 다가오려고 하면 하악! 하고 숨을 거칠게 토해내기도 한다. 동공은 크게 열리고 눈도 부릅뜨고 있다.

이 분노와 공포가 교차할 때는 꼬리가 부르르 떨리면서 때로는 좌우로 흔

들린다. 사자도 이와 같은 기분일 때 그런 동작을 보인다.

여기서 고양이가 분노하거나 위협할 때의 우는 소리를 살펴보자.

• 불쾌감, 분노 : 우, 우, 우, 우, 우 하는 날카로운 울음소리. 두 마리의 고양이가 지붕 위에서 대결할 때, 약한 쪽이 소리가 더 높아서 아우성치는 소리에 가깝다. 강하고 자신감이 있는 쪽은 낮게 근엄한 소리를 낸다.

• 싸울 때 위협하는 소리 : 초봄의 발정기에 흔히 들을 수 있는 아기 울음소리와 비슷한 소리. 우, 우, 응애, 응애~, 우우우우.

• 분노의 목소리 : 이른바 폭풍이 불어친다고 표현하는 소리로, 하악! 하고 격하게 숨을 토해낸다.

• 투쟁하는 소리. 카르르릉, 하악, 꺄악, 야옹 등 격렬한 목소리가 다양하게 뒤섞인다.

● 어미 고양이가 새끼를 부르는 소리

상냥하고 부드러운 목소리, 교묘하게 유혹하는 듯한 소리로 목을 울린다. 부드럽고 작은 소리로, 새끼를 불러 모을 때, 뭔가 사냥한 것을 가지고 돌아왔을 때도 들을 수 있다. 글로는 표현하기 어렵다.

● 자신감이 있을 때

귀는 상대를 향해 빳빳하게 세우고, 입은 다물고, 엄니는 드러내지 않는다. 수염을 힘차게 뻗고 있다. 눈에도 힘이 들어간다. 고양이가 사냥감에 달려들 때는 수염은 모두 앞쪽을 향하는데, 그것은 입을 오므린 결과이기도 하다.

그 표정은 사자, 표범 같은 맹수들에게도 공통되는 것이다. 지붕 위에서 싸우는 고양이는 자신감이 있는 쪽이 높이 서서 여유 있는 걸음으로 상대에게 늠름하게 다가간다. 그러나 다소 적에 대한 불안도 없지 않아서, 귀는 뒤로 젖히고, 표정은 험악하며, 엄니를 드러내고 있다. 이 싸우는 고양이를 미국의 동물소설가 E. T. 시턴이 동물기 속에서 멋지게 묘사한 바 있다.

그러고 보면 육식동물의 경우, 개나 고양이나 자신감이 있을 때는 오히려 목소리를 내지 않고, 표정에도 결연한 태도가 나타날 뿐 평소의 얼굴과 극단적으로 다른 것은 아니다. 무시무시하게 엄니를 드러내며 신음소리를 내는 것은, 공격하기 위해서라기보다 위협을 하거나 상대에게 물러나라고 말하는 태도이다. 뿐만 아니라 시끄럽게 짖는 개는 두려움과 위협의 기분이 강하다.

강한 쪽은 짖지 않고 이빨을 드러내지도 않는다. 약한 개일수록 시끄럽게 짖는데, 투견에서도 소리를 내지 않는 쪽이 더 강하다고 한다.

인간도 배짱이 두둑한 사람은 묵직하고 과묵하지만, 겁이 많으면 아무래도 조그만 일 가지고도 소란을 피운다. 개도 묵묵히 대응하는 것은 상당히 자신감이 없으면 불가능할 것이다.

〈사자〉

● 사자가 우는 여러 가지 방법

고양이 이야기가 나온 김에, 같은 고양잇과에 속하는 사자가 우는 소리에 대해 간단하게 소개하고자 한다. 동물원에서 사자 울음소리를 듣고 각각 어떤 의미인지 알 수 있다면 그만큼 흥미도 한층 커질 것이다.

• 우워~, 우워……우워, 우워, 우워하고 계속되는 일련의 포효는 수컷이 혼자 어슬렁어슬렁 걷고 있을 때나, 사냥 나가기 전, 또는 극심한 정신적 갈등을 겪은 뒤에 흔히 볼 수 있으며, 수컷과 암컷 모두 그렇게 짖는다.

• 그르릉 짧게 으르렁거리는 듯한 콧소리를 할 때면 자연스레 코에 주름이 잡힌다. 이는 귀찮다는 표시로, 상대를 멀리 쫓아내려고 할 때 내는 목소리다. 고기를 먹을 때나 어미가 새끼에게 젖을 떼려고 할 때도 이 같은 소리를 들을 수 있다.

• 더욱 강하게 으르렁거리는 소리는 치밀어오르는 분노를 나타내며, 사냥한 고기를 먹을 때 상대방에게 다가오지 말라는 경고의 표시이다.

• 흡! 하는 콧바람에 가까운 소리는 얼핏 들으면 사람처럼 약간 화가 난 목소리다. 귀찮게 젖을 달라고 조르는 새끼를 어미가 꾸짖을 때 볼 수 있다.

• 크헝 하고 길게 끄는 소리는 일시적으로 자존심이 떨어졌을 때 (자신이 속한 무리에서) 암컷이 서러운 듯 자주 낸다.

• 냐오……새끼가 칭얼거리며 우는 소리. 이는 젖을 달라거나, 어

미가 다가왔을 때 새끼가 응석부리며 내는 소리다. 그러면 어미는 젖을 먹이거나 새끼의 몸을 가만가만 핥아준다.

• 부드럽게 으형, 또는 그르르릉 울리는 콧소리는 서로 몸을 비비면서 인사를 나눌 때 낸다. 이것은 같은 프라이드(사자의 집단을 가리키는 말) 안의 결속을 높이는 데 꽤 도움이 되는 듯하다. 주로 암컷이나 새끼가 많이 낸다.

• 짧게 흠, 흠 하는 소리는 새끼를 하나둘 불러 모을 때 내는 소리다. 이 소리가 들리면, 새끼는 그쪽으로 고개를 돌려 주목하며 어미를 향해 냉큼 달려간다.

이밖에도 뉘앙스가 저마다 다른 소리가 많이 있지만, 그것을 모두 문자로 표현하기에는 매우 어려운 일이다. 동물원의 사자 우리 앞에서 우는 소리를 듣게 된다면, 그들이 어떤 목소리로 우는지 잘 주의하여 관찰해 보기 바란다.

●사자의 몸짓과 표정

사자는 수컷끼리 또는 암컷끼리 격렬하게 싸우는 일은 있지만, 수컷과 암컷이 맹렬히 싸우는 일은 드물다. 물론 야생에서 먹이 쟁탈전을 벌일 때는 사뭇 다르지만, 동물원처럼 의식주가 보장된 편한 곳에서는 이성간의 투쟁은 거의 찾아볼 수 없다. 이 때문에 사자는 굉장한 페미니스트로 보일 정도이다. 사실 동물원의 사자들을 보면, 수사자는 모두 미간이나 이마에 상처가 한두 개 있는 것은 보통이지만, 암컷의 몸에는 상처가 조금도 없다. 암컷이 기분이 좋지 않을 때 수사자의 뺨을 때리기도 하는데, 그것에 대해 수컷이 정색하며 반격하는 일은 흔치 않다.

동물원 조련사들에 의하면 사자의 부부 싸움에는 일정한 규칙이 있다고 한다. 갈기는 곧 수사자의 상징인데, 부부 싸움 때 이 갈기의 효용이 여실히 나타난다는 것이다. 암컷이 아무리 할퀴어도 무성한 갈기가 날카로운 발톱을 막아주어 상처를 입는 일이 없다. 그에 비해 수컷이 갈기가 없는 암컷을 세게 할퀸다면 상처가 심하게 나버릴 것이다.

사자가 싸울 때 어디를 부상당하기 쉬운지 조사한 통계를 보면, 얼굴에 상처를 입는 경우가 가장 많다고 한다. 그러나 갈기의 효과 때문인지, 목이나 머리 같은, 치명상을 입기 쉬운 곳은 되려 피를 보지 않는 편이다. 그에 비해 아무런 방어물이 없는 몸 뒤쪽에 입은 상처는 깊이 패여 생명을 위협하기 쉽다.

즉 '사자들은 그 점을 잘 알고 일정한 규칙 안에서 싸운다'는 얘기인데, 수컷끼리 격투를 벌이는 경우는 그렇게 되지 않는다. 머리 끝까지 화가 난 사자가 콧등에 주름을 잡고 날카로운 엄니를 드러낸 채, 바짝 귀를 내리고 사납게 포효하는 모습은 보기에도 무시무시하다. 그러나 고양이처럼 등을 둥글게 말고 꼬리를 치켜세우고 부풀리는 몸짓은 하지 않는다.

고양이가 위협하는 이 동작은 더 작은 동물인 야생 고양이, 마눌들고양이 등에서 흔히 볼 수 있다. 고양이 꼬리는 병 씻는 솔처럼 부풀지만, 사자 꼬리는 좌우로 세게 움직인다.

〈사자의 여러 가지 표정〉

자신감

가만히 주시한다

위협과 공포가 섞인 얼굴

강아지와 대화를 나누는 방법

〈사자의 인사 행동〉

새끼가 무리의
수컷에게 인사

좋은 기분

플레멘
발정한 암컷의 오줌 냄새를
맡고 흥분하는 수컷

강아지와 대화를 나누는 방법

서로 몸을 비비는
암컷끼리의 인사

서로 머리를 비비는
수컷끼리의 인사

PART 1 애니멀 커뮤니케이션에 대하여

〈말〉

● 불쾌하거나 기분이 언짢을 때

말은 매우 신경질적인 동물로 알려져 있다. 분명히 그런 면이 있지만, 인간에 대한 우정은 충직한 개에 못지않을 정도로 강하다. 말의 기분을 잘 헤아려주면 이보다 멋진 동물은 없다는 생각이 들 정도이다.

말이 기분 좋을 때는 귀가 자연스럽게 쫑긋 서 있고, 둥그런 눈매, 몸의 긴장도 등, 전체적인 분위기가 부드럽다. 그러나 기분이 좋지 않으면 금세 몸에 드러난다.

귀를 뒤로 확 젖히고 눈을 부릅뜨는데 종종 흰자위를 드러내는 경우도 있다. 때로는 곁눈으로 상대를 노려보기도 한다. 섣불리 앞에 다가가면 갑자기 달려들어 위협하는 일도 있다. 식사시간, 여물통에 코를 집어넣을 때는 귀를 뒤로 젖히고 경계하는 일이 흔히 있으므로, 그럴 때는 조금 멀리 떨어져 있는 것이 좋다. 무심코 다가가다가는 갑자기 얼굴을 돌려 상대방을 놀라게 할 때가 있다.

충분히 먹어 배가 부르면, 말이 안정되어 귀가 앞쪽을 향해 선다. 말에 따라서는 처음부터 평온하게 마른풀을 뜯으며 귀가 앞쪽을 향하고 있기도 한다.

말뿐만 아니라, 대체로 동물이 먹이를 먹고 있을 때 손을 대는 것은 위험하다. 얌전한 개와 말도 먹이를 빼앗긴다고 자칫 오해하고 화를 낼 때가 있으므로, 조용한 가운데 천천히 먹게 해주는 것이 좋다. 특히 새끼가 있을 때는 더욱 주의해야 한다.

싫어하는 말이 옆에 다가가면 힉! 하고 작은 소리를 짧게 낸다.

마치 "난 네가 싫어!" 하고 말하는 것 같다.

●주의를 기울이고 있을 때

누군가 말에게 다가올 때, 사육주를 불문하고 누구든, 말은 자연스레 그쪽으로 주목한다. 귀는 앞쪽을 향해 서고 시선도 그쪽을 향한다. 좋아하는 사람이 오면 콧소리로 흥얼거리듯 인사하지만, 모르는 사람이면 귀를 내리기도 한다.

이 귀의 움직임은 말을 타고 있을 때도 알 수 있다. 보통 달리거나 걸을 때는 귀를 뒤쪽으로 향하여 기수에게 관심을 기울인다. 그러나 장애물을 뛰어넘을 때는 바로 앞에서, 뒤로 향하고 있던 귀가 앞쪽을 가리키게 된다. 만약 귀가 앞쪽을 가리키지 않을 때는 아무리 명령해도 장애물을 넘으려 하지 않는다.

이것은 말의 의지에 의한 것인지, 아니면 신경에 의해 귀가 앞쪽을 향하지 않으면 장애물을 넘을 수 없는 것인지, 아직 또렷하게 밝혀지지 않았다. 시턴은 울타리를 뛰어넘는 양의 양쪽 귀를 뒤에서 묶으면 울타리를 뛰어넘지 못한다고 주장했는데, 말도 어쩌면 그럴지도 모른다. 아직 실험한 적이 없으므로 확실한 것은 알 수 없지만, 어쨌든 양쪽 귀가 뒤에서 묶인 말이 장애물을 넘지 않는 것은 사실이다.

●말이 기운이 넘칠 때

꼬리를 높이 올리고, 머리도 하늘을 향해 높이 쳐들고, 발도 높이 쳐들면서 좁은 보폭으로 걷는다. 목을 아래위로 끄덕거리거나

흔들고, 약간의 자극을 받아 다리를 높이 쳐들기도 한다. 조심하지 않으면 갑자기 질주하여 멈출 수가 없게 되므로, 기수는 낙마하지 않도록 주의하는 것이 좋다.

말이 뛰어오르는 것을 통제하려면, 기수는 허리를 낮추고 체중을 뒤쪽에 실어, 말하자면 말허리를 제압해야 한다. 익숙하지 않을 때는 몸이 앞으로 쏠려 허리가 가벼워져서, 말이 조금만 흔들어도 떨어지기 쉽다.

이것은 수말이 암말에게 가끔 취하는 자세이기도 하다.

경마장의 패독에 입장한 말 중에는 흥분한 기색을 보이는 것이 있다. 잘하면 자신의 힘을 최대로 발휘하여 이기는 일도 있지만, 흥분한 정도가 지나쳐서 기수의 말을 듣지 않고 제멋대로 날뛰다가 자멸하는 경우도 있다.

기뻐 날뛰며 기운이 넘치고 있을 때의 말은, 힉! 하고 목에 걸리는 소리를 낸다. 마구간에 갇혀 지내다가 오랜만에 넓은 장소로 나왔을 때, 흥분을 주체하지 못해 그런 소리를 낸다. 그럴 때는 힘이 넘쳐나서 뛰어오르는 일이 많으므로, 타고 있는 사람은 주의하는 것이 좋다.

● **기분이 좋을 때**

목을 늘려 상대를 향해 쑥 내민다. 땀을 흘려 끈끈할 때 목 아래나 목덜미를 문질러주면 기분이 좋아 몸을 내맡긴다. 그러나 서경부(鼠徑部)와 배 같은 민감한 부분을 짚으로 문지르면, 싫어하여 발을 버둥거리거나 입을 갖다내는 일도 있다. 그럴 때 이쪽의 진심

을 몰라준다고 무턱대고 말을 혼내는 건 좋지 않다. 인간도 누군가 간지럼을 많이 타는 부분을 만진다면 견디기가 힘들다. 짚을 수건으로 바꾸거나 살살 달래주는 것이 좋다. 손질 도중에 말을 혼내면 좀처럼 사이가 가까워지기 어렵다.

사이가 좋은 말끼리는 갈기 부분을 앞니로 서로 물기도 한다. 그곳은 가려워도 손이 잘 닿지 않는 곳인 듯하다. 사람이 갈기 부분을 긁어주면, 목을 길게 빼고 하늘을 향해 얼굴을 쳐든 채 입술을 우물우물 움직인다. 마치,

"네, 바로 거기예요. 거기가 간지러워 죽겠어요."

하는 것처럼.

●놀라서 당황하고 있을 때

눈을 크게 뜨고 콧구멍을 크게 부풀리며 폽, 폽 거칠게 숨을 토해낸다. 대상물이 멀리 있을 때는 귀가 그쪽을 가리키며 주목하고 있지만, 가까이 있을 때는 꼬리를 내리고 허리를 낮춰 달아나려고 한다. 매여 있을 때는, 고개를 돌리고 허리를 낮추고, 뒷걸음치기도 한다.

이때 억지로 당기면 긴장한 말이 넘어지는 수가 있으므로, 부드러운 목소리로 격려하며 말을 달래주어, 대상물을 잘 살펴볼 여유를 주는 것이 좋다. 그때 목덜미를 가볍게 토닥토닥 두드리면서 말을 걸어 주면 효과가 있다. 꾸짖는 것은 오히려 말을 혼란에 빠뜨려서 좋지 않다. 말이 조심조심 다가가서 충분히 살피고 납득한 뒤에는, 마치 "뭐야! 별거 아니잖아" 하는 기색으로 콧김도 잦아들

고 몸의 긴장도 서서히 풀린다. 말이 극심하게 놀라면 온몸을 부들부들 떨기도 한다.

● 뭔가를 조를 때

늘 당근이나 각설탕을 얻어먹는 말은, 사람이 다가가면 그것이 어디에 들어 있는지 알고 호주머니를 찾는다. 목을 늘리고 얼굴을 약간 기울여서 윗입술로 능숙하게 뒤적거리는 것이다. 말의 윗입술은 매우 잘 움직여서 사람의 손처럼 물건을 골라낸다. 풀 중에서도 맛있는 풀을 쏙쏙 골라내고 맛이 없는 풀은 내버린다.

말은 뭔가 요구하는 것이 있으면 크르르릉 하는 소리를 자주 낸다. 그것은 코를 울리는 소리와 섞여 있다. 단순히 코를 울릴 때도 있고, 거기에 목소리가 함께 들어있을 때도 있다. 먹을 것을 재촉하거나 주인이 마구간에 다가갈 때 그런 소리를 낸다. 말이 사람에게 건네는 인사라고 할 수 있다.

무언가 바라는 것이 있을 때는, 앞발로 지면을 북북 긁는 동작이 수반된다. 말에 따라서는 재촉할 때 얌전하게 크르릉 하고 코를 울리는 정도에서, 큰 소리로 푸, 푸, 하고 요란스레 우는 것까지 있다. 욕구의 정도가 강하면 앞발로 땅을 긁는다.

● 친밀감을 느낄 때

사이가 좋은 말끼리는 서로 나란히 서서 머리를 상대의 목덜미에 가만히 얹기도 한다. 이에 반해 몸을 서로 물 때도 있다. 사람에 대해서도 친밀감이 있는 말은 다가와서 어깨에 턱을 얹기도 한다.

● 기운이 없을 때

목을 축 늘어뜨리고 몸에는 어디에도 긴장감이 없으며, 귀는 힘없이 좌우로 펼쳐져 흔들거린다. 눈도 내리뜨고 자극을 주어도 반응이 느리다. 타고 있어도 아무런 반응이 없고, 몰아도 좀처럼 달리고 싶어 하지 않는다. 경마출주마도, 흥분이 극심하면(몰입한 상태) 출주하기도 전에 급 피로해져서 달리지 못하는 경우가 있는데, 기운이 남아도 물론 달리지 못한다.

이때는 기운이 없는 상태인지 안정된 상태인지 구별하기가 퍽 쉽지 않다. 기운이 없으면 털의 광택도 없고, 언제나 목이 처져 있으며 귀에 힘이 없다. 안정되어 있을 때는 발걸음에 힘이 있고 목을 팽팽하게 늘리며 태도가 느긋하다. 그리고 동작이 바뀔 때마다 즉각적으로 반응한다. 귀의 작은 움직임과 눈짓에 그대로 나타난다.

● 반항과 분노를 나타낼 때

말에게 불쾌한 일이 발생했을 때, 말은 거기서 벗어나려고 저항한다. 그 정도가 심하면, 결국 말은 안정을 잃고 혼란에 빠져, 제멋대로 날뛰다가 뜻밖의 사고를 내기도 한다. 그때 말은 귀를 뒤로 내리고 눈을 부릅뜨고 있다. 머리를 높이 젖히기도 하고 재갈을 절거덕거리는 일도 있다. 또 뒷걸음치거나 겅중 뛰어오르기도 한다.

그때는 오히려 기수 쪽이 냉정해져서 말을 달래는 것이 좋다. 덩달아 소리를 지르고 폭력을 가하면 상대는 더욱 혼란에 빠진다. 잠시 동안은 힘으로 말을 제압할 수 있지만, 그 일로 인해 말이 좋은 감정을 지니지 않을 것이다.

말이 상대에게 엉덩이를 돌리고 허리를 낮출 때는 발로 걸어찰 준비라고 보면 된다.

말은 비교적 겁이 많은 동물이어서, 뒤에서 갑자기 소리없이 다가가면 깜짝 놀라 반사적으로 발로 차는 일이 더러 있다. 다가갈 때는 반드시 상냥한 말을 걸어서, 말에게 상대가 누구인지 알게 하는 것이 좋다. 뒷다리를 치료하거나 편자를 갈 때도, 예민한 말은 차는 경우가 있다.

그 경우는 꼬리를 들어 올려 두는 것이 좋다. 장애물을 뛰어넘을 때 귀가 앞쪽을 향하지 않으면 안 되는 것처럼, 말은 발로 찰 때 꼬리를 내리고 허리를 낮추지 않으면 안 된다. 꼬리를 들어 올리면 허리가 내려가지 않아서 뒷발을 차올릴 수 없기 때문이다.

말을 손질하거나 무슨 동작을 할 때마다, 말에게 부드러운 목소리로 말을 걸어주는 것이 좋다.

말은 다소곳한 동물이지만 때로는 화를 내고 달려들기도 한다. 수말끼리는 특히 격렬하게 싸우는 일도 있다. 그럴 때 말은 귀를 내리고, 눈을 부릅뜨고, 목을 최대한 빼고 상대에게 돌진하는데, 서로 부딪치면 뒷발로 일어서서 앞발 발굽으로 상대를 때리거나, 거침없이 물고 차버린다. 그렇게 싸우다가 결국 죽는 말도 있다. 말끼리만 그러는 것이 아니라 인간을 향해 덤비기도 한다.

강아지와 대화를 나누는 방법

카우보이에서 말 소설가가 된 미국의 W. 제임스의 명저 《스모키》에는, 사람이 잘못 다루는 바람에 인간불신에 빠져, 사람을 죽이고 무법자가 되어버린 말이 등장한다.

말은 본디 얌전하고 사랑스러운 동물이다. 그러나 거칠게 다루면 물고, 차고, 때리는 골치 아픈 삼박자를 두루 갖춘, 감당하기 힘든 동물이 되는 것도 사실이다.

어느 쪽이 될지는 말을 다루는 인간의 태도에 달려 있다.

●상대의 상태를 알고 분석한다

플레멘이라 불리는 표정이 있다. 발정중인 암말의 냄새를 맡은 수말이 목을 늘려 머리를 약간 위로 쳐들고, 윗입술을 치켜 올려 앞니를 드러낸 채 크게 숨을 들이켜는 것이다. 이 플레멘은 말 외에 양과 호랑이, 사자에게서도 볼 수 있다.

개는 발정난 암캐의 오줌 냄새를 킁킁 맡으면, 앞니를 딱딱 부딪치면서 침을 약간 흘린다. 사자와 호랑이는 콧등에 주름을 잡고 윗입술을 치켜 올린다. 그리고 똑같이 침을 질질 흘린다. 이 동작은 오줌 속의 냄새물질을 흠뻑 받아들이는 작용이 있다고 한다. 그리고 그 표정을 흔히 말웃음이라고 하는데, 의미는 다른 것 같다.

또한 플레멘의 동작과 함께 수말이 히히잉, 또는 히이익 하고 길게 끄는 목소리를 내기도 한다. 이것은 서로 사이 좋은 말끼리 같이 우는 경우에 내는 소리이다.

●땀을 흘릴 때, 공기를 들이마실 때

위에서 설명한 말의 표정이나 동작과 감정의 관계 외에, 말특유의 현상이 있다. 땀과 공기를 들이마시는 버릇이다.

먼저 땀부터 살펴보자. 말은 체온조절을 위해 땀을 흘린다. 땀샘은 거의 온몸에 고루 분포되어 있지만 가장 먼저 땀을 흘리는 것은 목덜미이다. 어깨뿐만 아니라 귀 뒤, 목 아래, 앞가슴도 땀이 많다. 다음은 허리이고, 뒷다리의 대퇴부에서도 많이 볼 수 있다. 땀은 운동을 하여 체온이 올라갔을 때 냉각장치로서 흐르지만, 정신감응으로도 땀을 흘린다. 시합장에 들어간 말은, 그것만으로도 평소와 다른 분위기 때문에 흥분한다. 손에 땀을 쥐거나 식은땀을 흘리는 사람처럼 말도 마찬가지다.

경마장에 들어간 말들은 모두 다소 흥분하게 마련이다. 승부욕이 강한 명마도 목덜미에 희미하게 땀이 배어난다. 이 흥분한 상태에서도 말이 마음이 강하면 평소보다 더 큰 힘을 발휘하여 거뜬히 이기지만, 마음이 약하면 처음부터 실패를 맛보게 된다. 그런 말은 흠칫거리면서, 요란한 장애물에 속아 멀리 달아나려고 한다.

이는 훈련 중에도 마찬가지다. 말이 기수가 하는 말을 이해하려고 애쓰거나, 무엇을 하고 있는 건지 아예 모르는 상태에서 긴장하면 바로 땀이 난다. 정신감응이 너무 강하면 강할수록 그만큼 피로해지는 것은 인간과 다를 바가 없다. 경기 전에 땀에 푹 젖어서 온몸이 미끈거리는 말은 당연히 좋은 성적을 기대할 수 없다.

경기에서 좋은 성적을 올리는 말은 대개 땀을 별로 흘리지 않고 태도가 침착한 말이 많다.

경마장의 패독에서, 출주하기도 전에 이미 땀을 뻘뻘 흘린 말은, 정신적으로 과도한 긴장 때문에 이미 피로한 상태에 있어서, 정상적인 판단을 하지 못하고 기수의 지시에 따르지 않기 때문에 좋은 성적을 올릴 수가 없다.

또 한 가지, 말에게는 수의학에서 '음문흡인증(wind sucking)'이라고 하는, 공기를 삼키는 나쁜 버릇이 있다. 이것의 원인은 무료함이다. 방목하고 있어서 말이 자유롭게 행동할 수 있는 상태에서는 이 버릇이 차츰 줄어들어, 완전히 고칠 수가 있다.

좁은 마구간에 하루 종일 갇혀 아무것도 할 일이 없으면, 말은 마구간 기둥을 갉는 장난을 친다. 그러다가 마구간의 가로목에 이빨을 대고 공기를 흡! 빨아들이는 것을 배우기 시작한다. 다른 말도 그것을 곧잘 따라 해서 나쁜 버릇이 전염될 때가 있는데, 이 버릇이 있으면 복통을 쉽게 일으키기 때문에 말을 키우는 사람은 매우 질색한다. 무료한 말은 이 버릇 외에도 동물원의 곰처럼 몸을 좌우로 흔드는 버릇도 있다. 또 스스로 자기 몸을 무는 경우도 있다. 말이나 인간이나 지루한 시간은 아무래도 좋지 않은 것 같다.

〈원숭이〉
● 침팬지는 인간의 언어를 이해할 수 있다
동물들은 기분을 나타내는 다양한 몸짓과 표정을 갖는데, 그밖에도 소리와 냄새, 색채 등을 이용하여 커뮤니케이션을 하고 있다.

이를테면, 동물들에게서도 감정을 표현하는 여러 가지 목소리가 관찰되고 있다. 원숭이의 경우 32종의 목소리를 들을 수 있고, 사자의 목소리를 조사한 쉘러와 랜디에 의하면 17종류의 목소리가 있다고 한다. 이와 같이 늑대도 동료끼리 서로 의사 소통하는 다섯 종류의 목소리가 인정되고 있다. 그것은 새끼를 부르는 소리, 동료를 부르는 소리, 도움을 청하는 소리, 공격신호 등이다.

우리가 자신의 존재를 타인에게 알리고 싶을 때, 언어 외에도 시각적 또는 후각적 수단을 이용하는 경우가 있다. 시각적으로는 몸짓을 섞고, 색채가 풍부한 옷을 입고, 후각적으로는 몸의 일부에 향수를 뿌리는 방법들이다. 그런 방식은 동물들에게도 나름 갖춰져 있다. 색감은 오로지 주행성 동물에게서 발달해 있는데, 색채상 가장 다채롭게 장식하고 있는 동물은 조류이다.

포유동물은 활동하는 시간대가 이른 아침이나 땅거미 질 무렵이 많으므로, 애써 장식하더라도 어두컴컴한 곳에서는 쉽게 눈에 띄지 않는다. 그래서 일반적으로 눈에 잘 띄지 않는 수수한 갈색 계통의 색이 많은데, 그 대신 다른 감각을 가지고 있다. 그 점은 바로 예민한 청각과 후각이다.

포유류 중에서는 원숭이에게서 뚜렷한 색감을 볼 수 있다. 원숭이의 몸에는 빨강과 파랑, 노랑처럼 눈에 잘 띄는 색채가 들어있는 부위가 있는데 그것은 상대가 분명히 식별할 수 있기 때문이다.

그밖에 인간과 일반 동물에게는 없는 남다른 감각으로 의사를 전달하는 동물도 있다. 특히 돌고래가 그러하다. 그들은 초음파로 불리는 특수 음파를 내어, 물 속의 물체를 탐색하고 서로 연락도 한다. 그들은 또, 우리 귀에도 충분히 들리는 음역의 목소리도 낼 줄 안다. 범고래가 인간과 대화를 나누고자 했을 때, 자신들이 가진 음역의 어느 부분에서 인간이 반응하는지 그들이 거꾸로 테스트한 사실을, 돌고래와 범고래 연구자인 스포크 박사가 전한 바 있다.

동물들 사이에서는 몸짓언어가 인간보다 훨씬 더 발달해 있다고 봐도 무방할 것이다. 옛날 침팬지에게 인간의 언어를 가르치기 위해 연구자들이 다양하게 시도했지만 모두 실패로 끝났다. 미국의 헤이즈라는 연구자가 침팬지를 어릴 때부터 인간의 유아처럼 키우며 함께 생활하면서 어떻게든 언어를 가르치려고 무던히 애썼지만, 이 비키라고 하는 이름의 침팬지는 겨우 파파, 마마, 컵, 이 세 단어밖에 발음할 수 없었다.

그래서 사람들은 유인원과 인간 사이에는 넘을 수 없는 벽이 존재한다고 생각했다.

그러나 커뮤니케이션의 방법은 언어에만 있는 것이 아니라 하여 다른 방향에서 연구가 시작되었다. 그리하여 침팬지에게 몸짓언어와 도형문자를 사용하여 말을 걸자 그들이 훌륭하게 대답한다는 사실을 깨닫게 되었다.

이를테면, 농아자들이 사용하는 수화를 배운 침팬지 워슈는 단기간에 85종이나 되는 언어를 배웠고, 그것을 이용하여 자신의 마음을 연구자에게 표현했다. 도형문자를 배운 침팬지는 그림문자를 늘어놓고 자신의 요구를 상대에게 알릴 수 있었다. 또 컴퓨터 키를 하나하나 쳐서 상대에게 마음을 전하는 침팬지도 있다.

그렇게 연구가 차근차근 진행됨에 따라, 침팬지에게도 간단한 문장을 조립할 수 있는 능력이 있다는 사실도 알게 되었다. 그리

고 놀랍게도 그들은 자아의식도 지니고 있음이 밝혀졌다. 침팬지는 거울에 비치는 자신의 그림자를 보고 자기인 줄 아는 것이다.

고릴라와 침팬지는 TV 영상도 즐길 줄 안다. 화면에 등장하는 상대를 구별하고, 지인과 동료에게 자기 나름대로 반응을 보여준다. 침팬지들이 가장 관심을 가지고 보는 것은 같은 침팬지가 등장하는 영상이다. 침팬지들은 자신이 침팬지라는 사실을 잘 알고 있기 때문이다.

●애정을 표현할 때

야생동물이 인간과 접촉하는 일은 많지 않지만, 최근 우리나라에 사파리 공원이 생겼다. 여기서는 우리에게 매우 친숙한 원숭이에 대해 살펴보기로 하자. 물론 이것은 침팬지 같은 영장목 동물에게도 적용된다.

원숭이의 표정은 인간만큼은 아니지만 상당히 풍부한 편이다. 원숭이의 귀는 개나 말에 비해 작고, 머리에 딱 붙어 있어서 그다지 눈에 띄지 않는다. 그래서 표정은 주로 눈과 입에서 나타난다.

입을 쑥 내밀고 잘게 오물거리거나, 눈썹을 뒤로 당기고 쿡–쿡–, 또는 키키 하는 앙증맞은 목소리를 내기도 한다. 이 입을 움직이는 동작을 립 무브먼트라고 하며, 원숭이들은 애정을 표현할 때뿐만 아니라 상대에게 적의가 없음을 나타낼 때도 사용한다.

그런 표정을 지은 뒤 한 올 한 올 서로의 털을 골라주는 그루밍을 시작하는 경우가 많다. 그루밍은 옛날에는 벼룩을 잡는 거라고 했지만, 사실은 친밀감을 더하기 위한 일종의 인사법이다. 그루밍은 해주는 쪽도 받는 쪽도 서로 기분이 좋아진다. 그래서 원숭이와 친해지려면 이 그루밍을 해보는 것도 하나의 방법이다.

사람도 원숭이에게 다가가고 싶을 때 원숭이처럼 립 무브먼트를 해 보인다. 상대도 똑같은 행동으로 대답하면 그 다음에는 팔을 원숭이에게 내밀어 본다. 이때는 원숭이의 눈을 쳐다봐서는 안 된다. 원숭이가 사람 팔의 털을 헤치며 그루밍하는 시늉을 한다면, 다음에는 사람이 원숭이의 털을 그루밍해 주는 것이다. 원숭이들은 그루밍을 무척 좋아하는데 특히 침팬지에게서 많이 볼 수 있다. 인간도 먼 옛날에 이 그루밍을 좋아했던 시절이 분명 있었을 것이다. 머리카락을 만지작거리는 것을 좋아하는 사람이 의외로 많은 까닭도 이 그루밍의 흔적으로 볼 수 있지 않을까 싶다.

영국의 동물학자 D. 모리스는 사람들이 털이 긴 소형견이나 고양이를 사랑하는 것은, 그루밍을 하고 싶은 잠재욕구의 표현으로 보고 있다. 그래서 기계문명이 발달할수록 털이 긴 소형견이 유행한다는 것인데, 최근 우리나라의 애견계를 보면 정말 맞는 말인 것 같다.

한국전쟁 직후에는 세상이 워낙 흉흉해서 번견용인 셰퍼드와 진돗개의 전성시대였다. 그러나 생활이 안정되고 마당에서 키울 수 없는 주택사정 때문에, 소형인 데다 털이 긴 요크셔테리어, 불도그, 몰티즈, 포메라니안 등이 애완견으로 유행한 시기도 있었다. 트리밍이라고 불리는 털 깎기는 그루밍의 다른 형태일지도 모른다.

개의 털을 마음대로 깎는 것은 인간의 취향을 일방적으로 강요하는 것으로, 개에게는 그리 달갑지 않은 일이라는 의견도 있지만, 그게 만약 그루밍 욕구의 변형이라면 여간해서는 사라지지 않을 것이다. 왜냐하면 그루밍은 우리 영장목에 속하는 동물들의 생리적인 욕구이기 때문이다. 이는 핑계가 아니라 자연스러운 현상이다.

동물에게 이 트리밍보다 더욱 달갑지 않은 것은 꼬리 자르기가 아닐까. 꼬리는 개의 감정을 표현하고, 달릴 때는 방향타 역할을 하는 유용한 기관인데, 그것을 짧게 잘라버리면, 개의 행동에 지장이 생기는 것은 당연한 일이다.

침팬지는 애정을 표시할 때, 상대에게 다가가서 서로 안아주기도 한다. 그러면서 침팬지들은 오, 오, 하는 소리로 상대에게 인사를 한다.

그밖에도 침팬지에게는 애정, 존경, 순종의 기분을 나타내는 행동이 몇 가지 있다. 그것을 보면 사람과 너무 똑같아서 깜짝 놀랄 때도 있다.

이를테면 이런 광경이다. 어떤 침팬지가 놀고 있는 침팬지에게 다가가면, 상대는 노는 것을 중단하고 벌떡 일어선다. 그리고 "오, 오, 오"하면서 지나가던 침팬지에게 다가가서, 잠시 동안 어깨를 나란히 하고 걷는다. 그렇게 한 뒤 다시 놀이장소로 돌아가는데, 그 광경을 보면 일을 하던 부하가 자기 옆을 지나가는 상사에게 일어나서 인사를 하는 것과 매우 흡사하다.

침팬지의 인사 종류는 그림처럼 다양한데 그것들은 모두 사람의 인사행동과 비슷하다.

상대의 얼굴을 응시하면서 턱을 붙잡고 융화를 요구한다

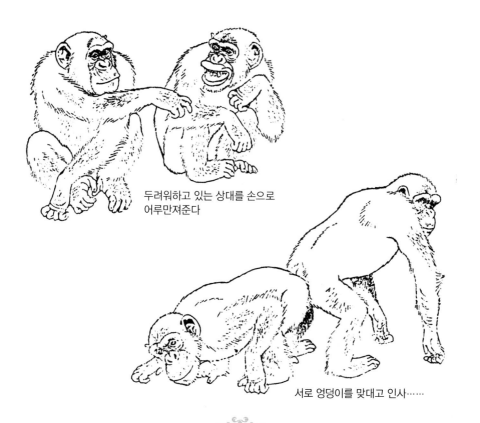

두려워하고 있는 상대를 손으로
어루만져준다

서로 엉덩이를 맞대고 인사……

PART 1 애니멀 커뮤니케이션에 대하여

〈침팬지의 여러 가지 행동〉

오, 오!

서로 끌어안고 위로한다

상위의 상대에 대해 인사한다

오랜만에 만난 동료와 키스

침팬지의 그룹에는 많은 인사 행동이 있는데 놀랄 만큼 우리 인간의 행동과 비슷하다. 이 행동의 발달은 무리 속의 긴장을 늦추고, 사회생활을 원만하게 하는 데 도움이 된다. 이러한 행동은 동물원에서도 자주 관찰할 수 있다.

강아지와 대화를 나누는 방법

〈침팬지의 여러 가지 표정〉

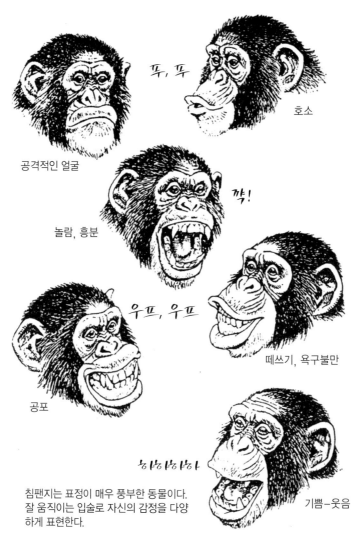

푸, 푸

호소

공격적인 얼굴

깍!

놀람, 흥분

우프, 우프

떼쓰기, 욕구불만

공포

하하하하

침팬지는 표정이 매우 풍부한 동물이다.
잘 움직이는 입술로 자신의 감정을 다양
하게 표현한다.

기쁨－웃음

●곤혹에서 불안, 불만, 슬픔으로

원숭이가 상대가 다가올 때나 공포를 약간 느낄 때 보여주는 표정은, 입술이 당겨 올라가고, 뺨에 주름이 생기며, 이빨도 몇 개 보인다. 몸은 허리를 뒤로 빼고 언제든지 달아날 수 있는 자세를 취하면서, 끽 하고 소리를 지른다.

이것이 더욱 심해지면 우글쭈글 짓는다. 인간이 울상을 짓는 표정과 똑같다. 입을 크게 벌리고, 입술을 일그러뜨리며, 이빨을 드러낸다. 온 얼굴에 주름을 잡고 꺅, 꺅, 큰 소리로 울부짖는다. 떼를 쓰는 새끼 원숭이는 그렇게 울면서 땅을 마구 뒹굴고 불만을 호소한다. 또 강력한 원군이 오기를 기다리기도 한다. 원군이 오면 그쪽을 돌아보면서, 이번에는 반대로 의기양양 자기를 괴롭힌 상대를 향해 다가가기도 한다.

●상대를 위협할 때

입을 약간 벌리고, 눈썹을 뒤로 당기며, 눈을 끌어올리면서 노려본다. 칵! 학! 하는 짧은 소리가 동반된다. 앞발로 지면을 때리거나 옆으로 후려치기도 한다.

이쪽이 가만히 상대의 눈을 보고 있으면, 분노가 상승할 때와, 공포를 느껴 눈빛이 흔들리고 입술이 일그러질 때가 있다. 그 뒤, 꺅! 하는 비명이 나오면 다른 원숭이들이 응원하러 우르르 달려오므로, 그럴 때는 가능하면 눈을 피하고 모르는 척 잠자코 있는 것이 상책이다.

● 적의나 분노를 나타낼 때

눈을 움직이지 않고 머리를 낮춘다. 입은 약간 벌어져 있다. 목소리를 내는 일은 그다지 없고 상대를 노려본다. 원숭이의 경우, 상대의 눈을 뚫어져라 쳐다보는 것은 적의가 도사리고 있다는 증거로, 상대의 분노를 유발한다.

위협이나 분노를 나타내기 위해, 커다란 수원숭이가 크게 하품을 하듯 날카로운 엄니를 보이는 일이 흔히 있다. 이것은 따분해서가 아니다. '나에게는 이렇게 날카로운 엄니가 있다'는 것을 상대에게 과시하는 것으로, 일종의 위협행동이다. 이때도 가능하면 경의를 표하며 지나가고 모르는 척하는 게 좋다.

● '인간화'하는 침팬지

침팬지가 인간과 비슷한 행동을 하는 이유를 꼽자면 근연종이라는 것과 대뇌가 발달해서 학습 능력이 높다는 것을 들 수 있다.

침팬지끼리는 그들의 몸짓언어로 서로 의사소통을 하는 것일까? 이 점에 대해서는 아직도 연구 중이지만, 오랫동안 침팬지와 생활해 온 영국의 제인 구달 여사는 침팬지가 상대의 몸짓에 민감하고, 눈길처럼 사소한 움직임에 대해서도 기분을 알아채고 행동으로 옮긴다며, 또 반대로 자신의 마음을 들키지 않으려고 다른 행동을 한 침팬지의 예도 들고 있다.

그러고 보면, 감정적으로 그들과 우리 사이는 전보다 더욱 가까워졌다고 생각하지 않을 수 없다.

동물원에서 재주를 배운 침팬지가 무대에서 은퇴한 뒤에도 자신들의 생활 속에서 그것을 활용하는 것을 흔히 볼 수 있다. 동물들은 사람들에게 자주 먹을 것을 조른다. 맛있는 과자가 먹고 싶을 때, 어떤 동작을 하면 사람들이 반응하는지, 그들 나름대로 연구하고 있다. 그리고 각자가 잘하는 포즈를 만들어내는 것이다. 그 좋은 예가 곰인데, 뒷다리로 일어서거나 기우뚱거리며 다양하게 팔짱을 끼는 모습으로 사람들의 웃음을 유발하고 있다.

침팬지는 먹을 것을 받을 때 인사를 하거나 손을 내미는 것을 배우면, 무대에서 은퇴한 뒤에도 사람들에게 같은 포즈로 과자를 조른다. 또 침팬지끼리도 그런 포즈로 상대에게 부탁하기도 한다. 침팬지는 저마다 젖먹이새끼에게 무척 큰 흥미를 가진다. 그래서 무리 속에서 누가 새끼를 낳으면 수많은 침팬지들이 그 주위를 에워싼다. 그들은 귀여운 아기를 만져보고 싶어 하지만, 물론 어미는 걱정이 되어 절대 만지지 못하게 한다. 그러다가 아기를 만지고 싶어서 도저히 참을 수 없게 된 침팬지가, "제발 잠깐만이라도 만지게 해줘." 하는 듯이 상대에게 인사하고 부탁하기도 한다.

또 이런 일도 있다. 병에 걸린 침팬지에게 주사를 놓아야 하는데, 침팬지는 당연히 주사를 싫어하여 도무지 치료를 할 수가 없었다. 그래서 하는 수 없이 마취총을 사용하게 되었다. 그런데 그 침팬지는 지금까지 한 번도 총을 본 적이 없는데, 마취총을 겨누자마자 대번에 그것이 무엇인지 간파하고 말았다. 치료용일 줄은 꿈에도 모르고, 틀림없이 자신이 살해되는 거라고 생각한 침팬지는 우리 속을 정신없이 달아나기 시작했다. 하지만 도저히 달아날 수 없다는 것을 알자, 침팬지는 총을 든 수의사를 향해 살려달라

96

고 애원했다.

이와 비슷한 일은 또 있다. 병에 걸린 침팬지에게 똑같이 마취총을 겨누자, 난생 처음 총을 보았는데도 침팬지는 패닉에 빠져 운동장을 이리저리 달아났다. 보이지 않는 곳에 숨기도 하고, 가장 낮은 지면의 움푹한 곳에 몸을 딱 붙이고 엎드리기도 했다. 한 자루의 총으로는 움직임이 너무 빨라 안전한 부위에 주사를 맞힐 수가 없어서 두 자루로 양쪽에서 겨냥하자, 오도 가도 못하게 된 침팬지는 더 이상 달아날 수가 없었다.

자신이 절체절명의 위기에 몰린 것을 알았을 때의 침팬지의 표정은 절망에 빠진 인간의 표정과 똑같다. 얼굴 가득 공포와 슬픔이 퍼지고 입술이 일그러지면서 깊은 한숨을 내쉬는 것이다.

수많은 동물들에게 수없이 마취총을 사용하지만, 이렇게 공포를

사탕수수를 달라고 손을 내미는 침팬지

나타내는 동물은 없을 것이다. 치료를 위해서라고는 하지만, 마치 인간을 쏘는 듯한 꺼림칙한 기분마저 느끼게 된다.

침팬지는 야생상태에서도 몸짓으로 인사행동을 하는 것이 많이 보고되고 있다. 어깨동무를 하거나 서로 어깨를 두드려주는 인사, 몸의 일부를 상대에게 맡긴 채 살짝 만지게 해주기만 해도 안도하고 기분을 푸는 행동, 이러한 것은 인간의 일상생활에서도 늘 볼 수 있다. 친구를 만났을 때 서로 어깨를 두드리거나 악수를 하는 동작과 같은 것이다.

동물원에서 침팬지를 만났을 때, 상대가 이쪽을 향해

"안녕."

하고 손을 들면, 이쪽도

"안녕."

하고 응답해주는 것이 어떨까.

상대가 인사를 하는데 어떻게 모르는 척 무시하고 지나갈 수 있겠는가?

강아지와 대화를 나누는 방법

5 행동과 몸짓에 숨겨진 개의 마음

●하품은 스트레스와 긴장의 표현

꾸짖고 있는데 개가 갑자기 크게 하품을 할 때가 있다. 주인이 진지하게 꾸짖고 있는데 하품을 하다니!

인간의 하품은 졸음이 올 때만 나오는 것이 아닌데, 사실은 개의 하품도 마찬가지다.

개는 긴장을 하고 있을 때나 스트레스를 느낄 때 하품을 한다. 주인이 무서운 얼굴로 꾸짖으면 긴장해서 그만 하품이 나오고 마는 것이다.

산책 중에 다른 개를 만났을 때 하품을 하는 경우도 있다. 그것도 졸음이 와서가 아니라 다른 개와 다투는 걸 피하기 위해 일부러 하품을 하는 것이다.

이 경우의 하품에는 두 가지 의미가 있다. 자신의 긴장감을 늦추는 경우. 또 하나는 상대에게 적의가 없음을 보여줄 때. "이 녀석, 뭐지?" 하고 생각하다가도 이쪽이 크게 하품을 하면 상대도 자연히 대항의식이 사라질 것이다.

상대가 개일 때뿐만 아니라 사람들이 많이 있는 장소와 처음 찾아가는 장소에서 긴장감이 높아질 때도, 하품을 하여 긴장감을 늦추려고 한다.

물론 졸음이 오거나 피곤할 때도 '자연현상'으로서 하품이 나지만, 주인이 밤늦도록 자지 않을 때 같이 있어주느라고 잠이 모자라더라도, 그런 때는 낮잠으로 수면시간을 보충하기 때문에 개에게는 수면부족이 거의 없다고 한다.

그러므로 꾸짖고 있는 도중에 애견이 하품을 하면 '겸연쩍어 하는 것'으로 이해하기 바란다. 더 이상 꾸짖어도 그다지 효과를 기대할 수 없다.

하품 외에도 뒷다리로 몸을 긁거나 혀를 내밀어 코끝을 핥는 것도 같은 의미이다. 꾸중을 듣는 것이 괴로워서 이제 그만했으면 하고 생각하는 것이다. 꼬리를 천천히 흔들고, 몸의 방향을 바꿔 뒤로 돌아서는 태도도 마찬가지다.

이러한 몸짓은 눈에 잘 띄지 않는 만큼 주인이 얼른 알아차리기가 쉽지 않다. 그러나 그런 상태에서 계속 꾸짖어봤자 효과가 거의 없을 뿐만 아니라 개의 스트레스만 높아지므로 주의하는 것이 좋다.

●집안을 '킁킁' 냄새 맡고 다니면 요주의!

개가 집안에서 냄새를 맡기 시작하는 것은 화장실을 찾고 있다는 표시이다. 화장실의 장소를 바꿨을 때는 어디서 용변을 봐야 할지 알 수 없어서 자신의 오줌 냄새를 찾고 있는 것이다.

화장실 이외의 장소에서 실수를 하면 철저히 깨끗하게 청소할 필요가 있다. 개의 오줌 냄새는 사람은 맡을 수 없어도 개는 알 수 있다. 그러면 그곳이 화장실인 줄 알고 다시 실수를 해버린다.

화장실이 아닌 곳에서 실수하면 냄새가 남지 않도록 표백제와 탈취제를 사용하면 된다.

단, 웬만해서는 실수를 하지 않는다. 산책할 때만 배설하도록 훈련을 받으면 산책시간까지 참고 기다린다. 마당이나 베란다, 발코니에 화장실이 있지만 문이 닫혀 있어서 밖으로 나가지 못할 때는 기특하게도 창가에서 가만히 기다린다.

그런 개가 실수를 하는 것은 강한 스트레스나 불안을 느꼈을 때, 또는 컨디션이 나쁠 때가 많다. 주인은 무조건 혼내지 말고 짚이는 데가 없는지 생각해 볼 일이다.

● 엉덩이를 갖다 붙이는 건 신뢰의 표시?

한겨울 찬바람 속에 동물원 원숭이들이 한데 뭉쳐서 추위를 견디는 모습이 자주 소개되고 있다.

그때의 원숭이들을 자세히 보면 얼굴을 모두 바깥쪽으로 향하고 있다.

집단으로 서로 몸을 붙이는 것은 야생동물의 습성이다. 추위를 견딜 때와 밤에 잠을 잘 때, 원숭이들은 집단으로 서로 몸을 붙이

고 있었다. 야생시절의 개도 마찬가지였다고 한다.

이때 앞쪽은 눈과 귀가 있으므로 주의하기 쉽지만, 맹점은 뒤쪽이다. 뒤에서 적이 다가오는 것을 눈치 채기란 쉬운 일이 아니다.

그래서 집단으로 뒤쪽을 경계하기 위해 엉덩이를 마주하는 자세를 취한다.

그러면 사각(死角)이 없어진다. 다급할 때 적을 공격하거나 재빨리 달아달 수도 있다.

엉덩이와 등을 서로 붙이는 것은, 야생동물에게는 '방어자세'인 동시에 '공격하기 쉬운 자세'이기도 하다.

참고로 애완견이 주인에게 엉덩이를 붙이고 앉을 때는 매우 편안한 상태라는 증거이다. 애완견의 경우, 뒤에서 습격당할 위험은 없다. 주인과 함께 있을 때가 가장 안심할 수 있는 한때이다.

그러므로 주인은, 그런 기분은 생각하지 않고 "엉덩이를 갖다 붙이다니 어찌 그런 실례를!" 하고 화를 내서는 안 된다. 엉덩이를 붙이는 것은 주인을 신뢰하고 있기 때문이다. 주인의 말을 전혀 듣지 않는 개는 절대로 그런 자세를 하지 않는다. 안심하고 엉덩이를 갖다 붙이는 마음을 이해해 주자.

단, 엉덩이를 바닥에 비비는 것은 병이 있을 가능성도 있으니 주의하기 바란다. 구체적으로는 엉덩이를 바닥에 붙인 채 앞다리만 움직여서 이동하는 동작이다. 이것은 아마도 엉덩이나 항문 주위가 가려워서 신경이 쓰이기 때문이다. 항문 주위가 불결하지 않은지, 염증이 있는 건 아닌지 체크해 보자.

● 식사시간에 짖으면서 재촉하는 건 영리하다는 증거?

개를 키우는 가정에서는 대개 시간을 정해 먹을 것을 준다. 식사시간이 되면 짖으면서 재촉하는 개도 있다. 매일 같은 시간이면 개도 '이제 곧 식사시간'이라는 시간 감각을 느끼게 된다.

그런 애견을 보고 "개가 시간을 기억하다니, 얼마나 영리한지 몰라!" 하고 기뻐하는 주인―. 하지만 잠깐만!

식사시간이 되었다고 재촉하는 버릇을 용인해 버리면 짖는 것이 버릇이 되어 고쳐지지 않게 된다. '짖으면 밥이 나온다'고 이해해 버리기 때문이다.

그러므로 설령 식사시간이라 하더라도 개가 짖고 있을 때는 먹이를 주지 않도록 하자. 점점 더 세게 짖어도 가만히 참는다. 배가 고픈 것을 무시하는 건 가엾다고 생각할지 모르지만, 제대로 훈련을 받는 편이 더 행복하다고 생각하자.

조용해질 때까지 끈기 있게 기다린다. 그 동안 주인들의 식사시간이 되어도 상관하지 않는다.

애견에게 먹이를 주지 않고 자신들만 얼른 식사를 하는 건 '더욱 잔인하다!'고 느끼는 사람도 있겠지만, 인간이 식사를 참을 필요는 전혀 없다. 먹는 동안 계속 짖어도 무시하기 바란다. 그것이 애견을 위한 것이다.

이와 같이 짖는 것을 그친 뒤에 먹이를 준다. 그렇게 함으로써 개는, '아무리 짖어도 먹을 것은 나오지 않는다. 조용히 하고 있으면 먹이를 먹을 수 있다'는 것을 깨닫게 된다. '아무리 짖어도 먹이를 얻을 수 없다'는 걸 알면 괜히 짖는 버릇도 없어질 것이다.

●'으르렁거리면 내맘대로 된다'고 생각하게 하면 NG!

개가 낮게 짖을 때는 대개 화가 나 있는 경우이다. 짖는다기보다 '으르렁–' 하고 신음하는 것처럼 들릴 때는 더욱 기분이 나쁠 때. 부주의하게 다가가면 주인도 물리는 등, 공격을 받을 위험성이 있으니 주의해야 한다.

다만 으르렁거렸을 때 주인이 자꾸 걱정하고 신경을 쓰면, 말을 듣지 않게 될 가능성이 있다. '으르렁거리면 주인은 아무 소리도 하지 않는다'고 학습해 버리기 때문이다.

이를테면 주인이 소중히 하는 물건을 개가 장난감처럼 입에 물고 있으면 어떻게 할 것인가? 얼른 빼앗으려는 사람이 많을 것이다.

하지만 개는 주인이 소중히 하는 물건인지 아닌지 구별할 수가 없다. 개 자신이 마음에 들면 장난감처럼 가지고 노는 일도 있다. 장난감을 빼앗으려고 하면 좋아하는 것을 빼앗기는 것에 화를 내고 으르렁거리는 것도 충분히 생각할 수 있다. 코 주위에 주름을 잡고 엄니를 드러내면서 험악한 표정을 짓는다. 그 무서운 표정에 놀라 주춤하거나 억지로 빼앗으려다가 물리기도 한다.

그러면 개는 '으르렁거리면 내맘대로 된다'고 생각한다. 마음에 드는 것을 빼앗으려고 하면 으르렁거리면 된다고 학습하는 것이다. 그러한 성질이 몸에 붙어버리면 문제가 된다.

주인의 명령에 따르지 않아도 된다고 기억하고 제멋대로 행동하는 '버릇없는 개'가 되어버리기 때문이다. 자신의 생각대로 되지 않으면 주인한테도 으르렁거리고 위협하며 자신의 요구를 관철하려고 한다.

그렇게 되지 않기 위해서는 개에게 빼앗겨서 곤란한 물건은 내놓지 않는 등, 처음부터 개가 으르렁거릴 상황을 만들지 않는 것이 상책이다. '주인이 위'라는 것을 제대로 인식시켜 두는 것이 중요하지만, 평소부터 개에게 스트레스가 쌓이지 않도록 놀 때는 실컷 놀게 해주도록 하자.

또 꾸짖을 때 외에도 주인에게 으르렁거리는 경우가 있다. 흔히 볼 수 있듯이 발톱 깎기, 빗질, 목욕, 귀청소 등을 할 때이다. 이 경우에는 과거의 경험 때문일 때가 많다. 이전에 발톱을 잘랐을 때 잘못해서 발가락을 다쳤거나 빗질 중에 털이 엉켜 아팠다거나 등등.

과거에 아픈 경험이나 불쾌한 경험을 한 것을 개는 다 기억하고 있다. 그리고 또 같은 경험을 하는 것이 아닐까 하고 두려움을 느껴 으르렁거리는 것이다. 그 공포심을 조금이라도 없애도록 부드럽게 말을 걸어 주자. 조금씩 익숙해지면 공포심을 제거할 수 있을 것이다. 으르렁거리지 않고 얌전해지면 크게 칭찬해주는 것도 잊지 말자.

●샤워를 한 뒤 바닥을 뒹구는 이유는?

개는 고양이만큼 물을 싫어하지는 않는다. 물이 있는 곳에 가면 스스로 물에 들어가는 개도 있다. 특히 '코커스패니얼'과 '레트리버'는 물놀이를 아주 좋아한다.

반대로 물을 싫어하는 개도 있다. 목욕을 시킬 때 물을 싫어하는 개는 힘이 이만저만 드는 게 아니다. 특히 얼굴에 물을 묻히는 것을 싫어하는 경향이 강해서 목욕탕에서 발버둥치는 일도 있다. 그래서 개를 씻길 때마다 주인도 사이좋게 같이 폭 젖고 만다.

목욕을 좋아하든 좋아하지 않든 공통적인 것은 목욕을 마친 뒤의 행동이다. 왜 그런지 목욕이 끝난 순간 바닥이나 카펫, 벽, 소파, 담요 등에 끊임없이 몸을 문지른다.

"힘들게 온몸을 깨끗하게 씻겨주었는데 바닥을 뒹굴면 금세 더러워지잖아……"하고 한숨이 나오는 순간이다. 그래서 혼을 내며 뒹굴지 못하게 하는 주인도 있는데, 이것만은 아무리 혼을 내도 고쳐지지 않는다.

왜냐하면 개에게 있어서, 목욕을 마친 뒤 바닥을 뒹구는 것은 극히 자연스러운 행동이기 때문이다. 사람은 목욕을 하고 나면 개운하고 기분이 상쾌해지지만, 개에게는 목욕이나 샤워를 한 뒤에는 불쾌한 상태이다.

목욕을 한 뒤 머리에서 샴푸냄새가 나면 사람은 기분이 좋아지지만, 개에게는 그것이 큰 고역이다. 샴푸 냄새를 기분 좋게 느끼는 것은 사람뿐이다. 개는 후각이 뛰어나기 때문에, 샴푸와 비누냄새가 너무 강해서 불쾌하게 느끼는 것이다.

게다가 자신의 냄새가 사라져버린 것도 못내 불안하다. 개에게 자신의 체취는 자기를 과시하는 데 없어서는 안 되는 것이다. 다른 개를 만나 인사할 때나 자신의 영역을 주장할 때도 자신의 체취가 중요하다.

그런데 목욕으로 깨끗하게 씻겨나가면, 샴푸와 비누 냄새만 나고 소중한 자신의 체취는 사라져 버린다. 그래서 바닥이나 카펫,

담요 등, 평소에 자신이 지내고 있는 장소에 몸을 비벼서 자신의 체취를 묻히려는 것이다.

조금이라도 빨리 체취를 되찾으려고 뒹구는 것이므로, 그것을 장난으로 오인하고 꾸짖지 않도록 하자. 원래 목욕탕에서 샴푸를 하는 것은 개의 입장에서는 탐탁지 않은 일이다. 게다가 목욕한 뒤의 행동 때문에 꾸중을 듣는다면, 어떻게 해야 좋을지 모르게 된다.

더욱 주의해야 할 것은, 샴푸와 비누 냄새가 강할수록 개가 뒹구는 행동이 더욱 심해진다는 사실이다.

사람은 거의 매일 샤워를 한다. 그러므로 애견도 매일 목욕을 시키는 것이 좋다고 생각하는 것도 잘못의 원인이다. 피부를 청결하게 유지하는 것은 무척 중요한 일이지만, 빈번하게 비누와 샴푸로 씻을 필요는 없다.

미지근한 물로 가볍게 씻는 정도로도 더러움을 충분히 씻어낼 수 있다. 평소에 빗질을 하는 것만으로도 효과적이다. 포인트는 개의 냄새까지 씻어내지 않도록 주의하는 것이다. 그것만으로도 목욕한 뒤에 카펫이나 바닥에 몸을 문지르는 행동은 줄어들 것이다.

●땅파기는 개의 본능

아파트에서 키우는 개에게는 그다지 볼 수 없지만, 마당이나 실외에서 키우면 여기저기 파헤쳐서 구멍을 만드는 개가 많다. 꽃밭이 파헤쳐져서 속상해 하는 주인도 적지 않을 것이다.

그러나 땅을 파헤치는 것은 야생 시대부터 내려온 본능이라고 여기고 포기하는 수밖에 없다.

무엇보다 개는 꽃밭과 그렇지 않은 장소를 구별하지 못한다. 주인은 마당의 흙을 파헤치면서 왜 내가 구멍을 파면 혼을 내는 것인지 이해하지 못한다. 화단을 손질하는 주인의 모습을 보고 자신도 흉내를 내며 좋아하는 일도 있다.

이와 같이 땅을 파는 이유는 여러 가지로 생각할 수 있다. 하나는 처음에 든 야생시절의 본능에 의한 것. 야생 시절에는 먹이가 풍족하지 않았다. 운 좋게 먹잇감을 얻었으나 다 먹지 못할 때는, 유사시를 대비하여 흙속에 남은 것을 숨겨 두었다.

이 연장선상에서 먹고 남은 것뿐만 아니라 간식이나 마음에 드는 장난감, 주인의 냄새가 나는 물건 등을 구멍에 묻는 경우도 있다.

또 심심해서 땅을 판다는 해석도 있다. 할 일이 없어서 심심풀이로 땅을 판다는 설이다. 사람은 심심할 때 다양한 오락을 즐길 수 있지만, 마당에 있는 개가 할 수 있는 것은 그렇게 많지 않다.

그래서 부드러운 흙을 파헤치며 노는 것이다. 흙을 파는 동안 점점 거기에 빠져 무아지경 속에 계속 파게 된다.

더운 여름철이라면 시원한 장소를 찾아서 땅을 파헤치는 일도 있다. 흙의 차가운 감촉을 즐기는 것이다.

그리고 쥐나 두더지 등의 냄새를 맡고 '사냥감을 찾는 감각'으로 파는 경우와, 흙의 냄새나 파헤친 나무뿌리 냄새가 좋아서 파는 일도 있다.

'테리어'처럼 땅파기를 원래 좋아하는 개도 있다. 테리어는 흙 속에서 사는 동물을 사냥하기 위해 개량된 견종이다. 그래서 흙만

보면 파헤치는 습성을 가지고 있다.

땅파기는 습성이므로 훈련으로 고치기는 어렵다. 그보다는 산책을 충분히 시키고 함께 놀아줘서 개를 심심하지 않게 하는 것이 상책일지도 모른다.

●'잡초'를 먹는 데는 이유가 있다.

개는 산책 중에 자주 풀을 뜯어먹기도 한다. 하지만 "잡초를 먹다니……" 하고 지나치게 걱정할 필요는 없다.

잡초를 먹는 데는 몇 가지 이유가 있다. 첫째는 위장의 컨디션이 좋지 않을 때이다. 개에게 잡초는 말하자면 한방약 같은 것. 풀이 위장의 작용을 바로잡아주는 것을 본능적으로 알고 있는 것이다.

최근에는 애완견 가게에 '애견용 풀'도 판매되고 있다. 주로 '오트밀'이라고 하는 벼과 식물이 많은 것 같다. 그밖에 '삼백초'도 즐겨먹는다.

비타민이 부족할 때도 잡초를 먹는다. 개는 육식성이라고 생각하는 사람들이 많은데 사실은 잡식성이다. 육류만 먹이면 비타민이 부족해지므로 스스로 잡초를 먹게 되는 것이다.

털이 긴 경우, 위 속에 쌓인 털 뭉치를 뱉어내기 위해 잡초를 먹는 일도 있다. 개는 자신의 몸을 핥아서 털을 고른다. 혀가 거슬거슬해서 마치 빗 같은 역할을 한다.

이때 빠진 털이 그대로 입을 통해 위 속으로 들어가는데, 그것이 쌓여 소화불량을 일으킨다. 그럴 때 끝이 뾰족한 풀을 먹으면 식도와 위를 자극하여 쌓인 털뭉치를 뱉어내게 된다.

이렇게 개가 잡초를 먹는 데는 무언가의 이유가 있다. 무턱대고 먹는 것이 아니라 필요가 있어서 잡초를 먹는다. 그렇다 해도 잡초에는 다양한 오염과 잡균, 기생충, 제초제 등의 약품이 묻어 있는 경우가 많다. 몸을 생각해서 먹은 풀 때문에 오히려 병에 걸리는 수도 있으므로, 가능하면 길가의 잡초는 먹지 않게 하는 것이 좋다.

애완견 가게에서 팔고 있는 '애완견용 풀'을 주거나, 먹이에 야채를 섞는 등 연구해보자.

●산책 중 멈춰 서서 꼼짝도 하지 않을 때는?

대부분의 개는 산책을 아주 좋아한다. 주인이 리드를 잡기만 해도 좋아서 어쩔 줄을 모른다.

그런데 그 좋아하는 산책 중에 갑자기 멈춰 서서 움직이지 않는 일이 있지 않은가? "어서 가자!" 하고 리드를 당겨도 꼼짝도 하지 않는다. 개중에는 그 자리에 주저 앉아버리는 개도 있다.

산책 중에 멈춰서는 데는 몇 가지 이유를 생각할 수 있다. 우선 다리에 가시나 유리조각 등이 찔려 아픈 경우. 또 한여름의 산책에서 더위에 녹초가 된 경우도 있다. 질병으로 컨디션이 나쁜 건지도 모른다.

컨디션이 나쁠 때는 무리하지 말고 얼른 돌아오는 것이 좋다. 기색을 살펴서 걷는 것도 힘들다면 안고 돌아가야 한다. 컨디션을 헤칠 정도는 아니고 피곤이 쌓인 경우도 있다. 그 경우는 잠시 지나면 다시 걷기 시작할 것이다.

참고로 산책 코스에 공사를 하고 있는 등, 평소와 달라서 겁을 먹고 멈춰서는 일이 있다. 소음과 낯선 사람이 많이 있는 등, 평소와는 분위기가 달라서 겁이 나는 것이다.

그럴 때는 억지로 줄을 당기지 말고 한동안 기색을 살핀다. 그래도 무서워서 움직이지 않는다면, 다른 길로 가자. 한참 지난 뒤 공포가 진정되면 스스로 일어나서 걷기 시작한다. 다시 걸으면 이내 칭찬해 준다.

주저앉아 버렸을 때 "왜 그러는 거야?" "아이, 착하지. 어서 가자." 하면서 몸이나 머리를 쓰다듬고 좋아하는 장난감을 주어 관심을 끌려고 하면, 개는 오히려 '주인이 관심을 보였다'고 해석해 버린다. 그러면, 주저앉으면 주인이 관심을 가져준다고 착각하고 산책 중에 계속 멈춰서는 버릇이 붙어버릴지도 모른다.

산책 중에 움직이지 않는 것은 기본적으로 개가 주도권을 발휘

하고 있을 때이다. '내 마음대로 걷고 싶다'는 의사표시를 하는 셈인데, 주도권은 어디까지나 주인에게 있음을 분명히 가르치는 것이 중요하다.

그렇다 해도 산책 중에 주인이 재미없게 걸으면, 개도 산책이 재미있지 않다고 느낀다. 멈춰 섰을 때 억지로 리드를 당겨서 걷게 하면, 산책에 대해 더욱 더 불쾌감을 품을 뿐이다.

평소부터 산책은 즐거운 것이라고 생각하도록 배려하자. 매일 같은 코스를 걷는 것이 아니라 이따금 코스와 걷는 페이스를 바꾸거나, 도중에 공원에 들러 변화를 주는 등, 여러 가지로 연구해 보자.

● '꾸중을 듣고 풀이 죽어 있는 것'은 정말 반성하고 있는 것일까?

장난이나 문제행동을 일으켰을 때 엄하게 꾸짖으면, 몸을 동그랗게 웅크리고 풀이 죽어 있는 일이 있다. 자세를 낮추고 귀도 내리고 눈을 칩떠서 주인을 빤히 바라본다.

꾸중을 듣고 풀이 죽은 것 같은 몸짓이다.

그런 모습을 보고 주인은 '잘못한 줄 반성하고 있다'거나 '기특한 태도'라고 생각할 수 있지만, 사실은 개가 반성하고 있는 것은 아니다.

분명히 꾸중을 듣고 조용해진 것은 사실이지만, 반성이라기보다는 어떻게 하면 좋을지 몰라서 난처해하고 있는 상태이다.

개를 꾸짖을 때는 나쁜 행동을 한 그 자리에서 바로 꾸짖지 않으면 효과가 없다. 나중에 가서 장난의 흔적을 발견하고 "왜 그랬

PART 1 애니멀 커뮤니케이션에 대하여

어!" 하고 꾸짖어봤자 개는 자기가 왜 꾸중을 듣는 건지 이해하지 못한다. 귀가한 뒤 집을 비운 사이에 장난한 것을 꾸짖는 건 그다지 의미가 없는 셈이다.

그러나 주인의 표정과 태도를 보면 꾸짖고 있다는 것을 알 수 있다. 왜 꾸짖는지는 모르지만, 주인이 화를 내고 있는 것에 겁을 먹고 어떻게 해야 할지 몰라 몸을 웅크리고 가만히 견디는 상황이다.

주인은 꾸짖는 동안 흥분해서 자꾸만 잔소리를 늘어놓지만, 이유를 모르기 때문에 개에게는 스트레스만 커질 뿐 아무 효과도 없다. 오히려 반발심에서 장난이 더 심해질 수도 있다.

개를 꾸짖을 때는 나쁜 짓을 한 현장에서 꾸짖는 것이 가장 좋다. 장난을 치면 그 자리에서 중단시키고 꾸짖는다. 그러면 '이건 해서는 안 되는 짓'이라는 걸 개도 이해할 수 있다.

꾸짖어도 풀이 죽기는커녕 모르는 척 시치미를 떼면서 그 자리에서 달아나는 개도 있다. 벌렁 누워 배를 보임으로써 일찌감치 항복의사를 표시하고, 다른 가족 뒤에 가서 숨는 개도 있다. 명령한 것도 아닌데 갑자기 '엎드려' '손!' 같은 잘하는 재주를 해보이기도 한다.

모두 꾸지람을 듣는 분위기에 '당황'을 느낄 때 보이는 행동들이다. 자신이 알 수 없는 긴장상태가 싫어서 달아나 다른 가족에게 가서 보호받으려는 것이다. 또 잘하는 재주를 해보이는 것은 말하자면 비위를 맞추려는 행동이다.

그런 몸짓을 보여줄 때 잔소리를 늘어놓아 봤자 효과가 별로

없다.

● 주인의 냄새가 배어있는 구두나 슬리퍼가 좋아

외출하려고 현관에 나갔는데 '구두가 한 쪽밖에 없는!' 경험이 없으신지? 가족의 슬리퍼가 없어지는 일도 있다. 신장 안을 찾아봐도 없어서 집안 여기저기를 찾아보지만, 역시 보이지 않는다……,

결국 구두와 슬리퍼에 장난을 친 범인은 개였다는 걸 알게 된다. 왜 그런지 구두와 슬리퍼를 좋아하는 개가 많은 것은 사실이다. 구두를 물고 어디론가 가져가서 숨겨버리는 것이다. 마당의 개집을 청소했더니 구석에서 많은 신이 나왔다는 얘기도 흔히 듣는다.

왜 구두와 슬리퍼를 좋아하는 것일까? 원래 개는 주인의 냄새를 무척 좋아한다. 좋아하는 주인의 냄새가 배인 것이 가까이 있으면 마음이 안정된다. 특히 구두와 슬리퍼에는 '발냄새'가 강하게 남아 있어서 특별한 관심을 가지는 것 같다.

또 구두나 슬리퍼의 소재와도 관계가 있는 듯하다. 가죽과 고무 등, 두꺼운 소재로 되어 있어서, 물었을 때의 감촉이 개에게는 기분 좋게 느껴지는 것이다. 너무 부드럽지도 않고 그렇다고 너무 딱딱하지도 않아서 씹는 맛이 딱 적당하다.

집안에서 주인의 냄새가 밴 것이라고 하면 의류와 침구도 있지만, 그런 것은 물어도 그다지 씹는 맛이 없다. 소파 같은 가구는 갉아먹고 싶어도 너무 크다. 딱 좋은 크기에 적당히 딱딱한 것이

구두나 슬리퍼인 셈이다.

특히 어린 강아지는 뭐든지 물어뜯으려고 한다. 주위에 있는 모든 것이 흥미진진하여, 일단 깨물어보고 탐색하려고 한다. 구두와 슬리퍼는 현관이나 방에 아무렇게나 놓여 있는 일이 많기 때문에, 장난을 치다가 물어뜯을 기회도 많다. 일단 물어뜯어보고 그것이 자기가 좋아하는 것인지 아니면 위험한 것인지 다양하게 학습하는 것이다.

물어뜯어도 되는 것과 안 되는 것에 대해 주인이 확실하게 가르쳐두면, 좋은 구두를 엉망으로 만드는 일은 없을 것이다. 다만 개는 어느 것이 좋은 구두이고, 어느 것이 물어도 되는 것인지 구별할 줄을 모른다. 중요한 구두는 물어뜯지 않도록 현관에 놔두지 말고 얼른 신발장 속에 깊숙이 넣도록 하자.

강아지와 대화를 나누는 방법

엄격하게 훈련을 받은 결과, 주인의 구두에는 관심을 갖지 않더라도, 이따금 손님의 구두에는 또 다른 호기심을 드러낸다. 가족이 손님을 접대하는 동안, 몰래 현관에 가서 구두 냄새를 킁킁⋯⋯ 맡다가 그만 덥석 물고 어디론가 가져가 버리기도 한다.

손님이 돌아갈 때가 되어서야 그것을 알고 엄하게 꾸짖지만, 개는 왜 주인이 야단치는 건지 알 수가 없다.

"어디에 갖다났어?" 하고 물어도 의미를 알지 못하니 가르쳐 줄 수가 없다.

손님에게 난처해지지 않도록, 손님의 구두도 신장 안에 넣어두는 배려를 잊지 말자.

●개가 거세게 짖으면서 덤벼들려 할 때 대처방법

개가 잇몸을 드러내 이빨을 보이면서 털을 곤두세우고 거세게 짖어댈 때 어떻게 하면 좋을까? 우선 개에게 상대가 해롭지 않다는 것을 어떻게든 전달하여 안심시킬 필요가 있다.

개가 위협하는 이유가 도전을 받았다고 느꼈기 때문인지, 아니면 불안을 느꼈기 때문인지는 중요하지 않다. 꼬리와 귀의 위치로 그 공격적인 태도가 공포심 탓임을 알았다고 해도 섣불리 방심해서는 안 된다. 오히려 강한 개보다 겁먹고 불안해 하는 개에게 물리는 경우가 더 많기 때문이다.

개가 위협할 때는 무엇보다도 등을 돌려 달아나면 안 된다. 이럴 때 개는 본능적으로 그 뒤를 쫓기 마련이다. 이때는 시선을 약간 옆으로 돌려 밑으로 떨어뜨리고 한두 번 눈을 깜박인다. 이것은 해칠 뜻이 없음을 나타내고 화해를 청하는 반응이다. 그래도 개가 수그러들지 않으면 조금씩 두세 걸음 뒤로 물러선다. 이때 개와는 절대 눈을 마주치지 않는 것이 중요하다. 또 호흡을 고르면서 얼굴을 조금 옆으로 돌려 하품하거나 높은 소리로 어르듯이 말을 걸어본다.

개와의 사이에 충분한 거리가 있으면, 몸을 돌려 옆모습을 개에게 보여준다. 이때 개가 다가오면 다시 개와 마주보고 일부러 지나치게 눈을 몇 번 깜박인 뒤 옆으로 비스듬히 아래쪽으로 시선을 떨어뜨리고, 또 한 번 서서히 뒤로 물러선다. 개에게 옆을 보였을 때 개의 행동에 변함이 없으면 천천히 물러선다. 이때도 개와 시선을 맞추지 말고 되도록 자연스럽게 움직인다.

강아지와 대화를 나누는 방법

개의 언어사전

다른 개를 노려본다 (분노)

야, 뭘 봐?

불만 있어?

한판 붙어 볼래?

우리 개들이 서로 눈을 떼지 않고 노려본다는 것은 절대로 지지 않겠다는 뜻이야. 먼저 시선을 피하는 쪽이 지는 거지. 인간하고 똑같나?

턱을 얹는다 (외로움)

나 여기 있는데...

배를 보이는 것만큼 적극적인 행동은 아니지만……. 왠지 지루하거나 외로울 때 하는 행동이야. 주인님이 정신없이 TV만 보고 있으면 왠지 속이 상해서 이런 행동을 하곤 해.

하품을 한다 (불만)

긴장했을 때 우리는 하품을 해! 아, 또 주인님을 향해서 하품을 할 때도 있어. 무슨 일로 화가 났거나, 흥분한 주인님을 달래려고 할 때 주로 그러지. '좀 진정하라'는 뜻이야.

엉덩이를 든다 (즐거움)

나랑 같이 놀자!

즐겁게 놀고 싶을 때 취하는 동작. 주로 친한 개나 주인님 앞에서 이런 행동을 하지. 같이 놀자는 뜻이야.

몸을 움츠린다 (공포)

뭔가가 두려울 때 하는 행동. 몸을 움츠리면서 "왈왈" 짖기까지 한다면 분명히 뭔가가 몹시 무섭다는 거야. 이럴 때에는 우리를 함부로 만지지 않는 게 좋아.

몸을 긁는다 (불만)

스트레스 받어……

　우리는 사소한 일에도 쉽게 스트레스를 느끼는 예민한 생물이야. 스트레스를 받으면 몸을 긁거나 앞발을 핥지. 이럴 때에는 부드럽게 어루만져 줘.

꼬리를 잡으려고 빙빙 돈다 (불만)

아, 진짜! 짜증나!

　주인님에게 무시를 당하거나 억지로 목욕을 당하는
바람에 화가 났을 때 주로 하는 행동이야. 스트레스를
발산하는 방법이지.

주인의 손을 핥는다 (소망)

저기,
부탁이 하나 있는데요…….

주인님의 손을 핥는 것은 뭔가 부탁이 있다는 뜻이야. 산책하러 가고 싶다거나, 주인님의 관심을 받고 싶다는 거지. 이럴 때에는 우리가 뭘 바라고 있는지 잘 관찰해 봐.

입을 꾹 다물고 귀를 쫑긋 세운다 (불만)

귀를 쫑긋 세운 채 입을 다물고 있다면 그건 경계 신호야!
적이 가까이 있을지도…… 우리는 긴장하거나 불안해졌을
때 이런 행동을 해.

입을 벌리고 귀를 쫑긋 세운다 (즐거움)

(두근두근)
아, 뭔가 즐거운
일이 생길 것 같아!

흥미로운 장난감을 봤을 때나, 주인님이 산책하러 나가자고 할 것 같을 때……. 가슴이 설레면 우리는 이런 표정을 지어.

꼬리를 세차게 흔든다 (행복)

정말 기뻐!
행복해!

기쁜 일이 있다는 증거. 꼬리의 움직임이 빠르면 빠를수록 기쁨이 극에 달했다는 거야! 꼬리가 짧은 개라면 꼬리 밑둥을 잘 살펴봐. 엉덩이가 실룩거린다면? 그 애도 나름대로 열심히 꼬리를 흔들고 있는 거지!

강아지와 대화를 나누는 방법

혀를 내민다 (즐거움)

우리 웃는 얼굴!
정말로 즐겁다는 거야!

날이 덥지도 않은데 혀를 내미는 것은 기분이 몹시 좋다는 뜻이야. 산책하고 돌아왔을 때나 배불리 밥을 먹었을 때에는 저절로 혀가 쏙 나온다니까.

꼬리를 바짝 치켜든다 (분노)

맙소사 적이 나타났어!
여차하면 당장 공격해야지!

우리가 긴 꼬리를 똑바로 치켜드는 것은 적을 위협하는 거야. 이때 우리는 매우 사나워지니까, 함부로 손을 대면 안 돼. 실수로 주인님 손을 깨물고 싶지는 않거든.

장난감을 물고 흔든다 (분노)

아, 정말!
스트레스 쌓여!

왠지 짜증이 나면 장난감한테 화풀이를 하기도 해. 우리는 말을 못하잖아. 그래서 행동을 통해 스트레스를 발산하는 거지.

귀를 앞으로 세운다 (분노)

지금 당장이라도 상대를 공격하거나 위협하고 싶을 때 이런 행동을 해. 한술 더 떠서 코까지 찡그린다면, 곧바로 상대에게 덤벼들 가능성이 높아. 이럴 때에는 우리가 진정하기 전까진 함부로 다가가면 안 돼.

배를 보인다 (소망)

만져 줘, 만져 줘!
나 좀 예뻐해 줘!

　　주인님에게 배를 보이며 드러누울 때에는 배를 만져 달라는 거야. 사랑하는 주인님과 좀 더 같이 놀고 싶다, 주인님에게 사랑받고 싶다는 거지.

TV소리에 맞춰 노래한다 (즐거움)

소리를 내면 기분좋아!

사실 우리는 '노래를 부른다'는 인식이 없어. TV나 피아노 소리에 맞춰 노래하는 것처럼 보여도 실은 그냥 소리를 내고 있을 뿐이야. 소리를 내면 기분이 좋아지거든. 개들만 아는 즐거움이랄까?

등을 바닥에 대고 문댄다 (행복)

행복해!

나 진짜 행복해!

우리는 무척 행복할 때 이런 행동을 해. 사랑하는 주인님이 집에 돌아오셨어, 금방 밥을 주실 거야……. 뭐 이런 식으로 가슴이 설렐 때, 그 행복함을 우리 나름대로 표현하는 거지.

앞발로 주인을 건드린다 (소망)

저기, 나 좀 봐
내 말 좀 들어보라니까

주인님의 관심을 끌고 싶으니까 신체 접촉을 하는 거야.
그런데 주의할 점이 있어. 주인님이 우리 소원을 전부 다
들어줘 버리면, 우리는 응석받이가 될 수도 있어! 그러니까
주인님이 적당히 우리를 무시하는 것도 중요해.

다리 사이에 꼬리를 말아 넣는다 (공포)

우리가 이렇게 행동할 때에는 잔뜩 겁에 질린 거야.
대들지 않을 테니까 날 괴롭히지 말아 달라고 하는 거지.
이럴 때에는 다정하게 대해 줘.

PART 2
행복한 소통

개와 대화할 수 있는 방법을 '애니멀 커뮤니케이션(이하 AC)이라 한다고 앞에서 말했다. 애니멀 커뮤니케이션이라고 하면 무슨 특수한 능력이라는 이미지가 있지만, 그 수법 자체는 어렵게 생각할 필요가 없다.

애니멀 커뮤니케이션이란 텔레파시를 통해 동물들과 마음을 소통하는 것을 말한다. 그것은 동물들의 몸짓과 표정 같은 보디랭귀지를 읽는 것이나, 우는 소리에서 그들이 말하고자 하는 것을 이해하는 것과는 전혀 다른 것이다.

본디 '텔레파시(telepathy)'라는 말은 그리스어의 두 단어—'먼 곳'을 의미하는 'tele'와 '감각'을 의미하는 'patheia'—를 합친 것으로, '멀리 떨어진 곳에서 느낀다'는 의미이다.

강아지와 대화를 나누는 방법

이 텔레파시를 사용한 애니멀 커뮤니케이션은 직감, 독심술, 통찰력, 공감, 투시, 초능력(ESP) 같은 말과 관련이 있다. 즉 애니멀 커뮤니케이션이란 이른바 오감을 뺀 나머지 감각을 사용하여 동물들과 마음을 소통하는 것이다.

먼 옛날, 언어를 사용하기 전의 인간은 오늘날의 동물들과 마찬가지로 텔레파시를 사용하여 의사소통을 했다고 주장하는 사람들이 있다. 원시의 사람들이 우-우-하고 소리를 지르거나 상대에게 창을 내미는 것이 아닌, 다른 방법으로 마음을 소통하고 있는 장면을 상상하면 왠지 재미있을 것 같지 않은가?

아직 언어를 갖기 전이었던 그들은 보디랭귀지와 목소리 외에 초감각 능력이 현재의 우리보다 훨씬 뛰어났다. 이러한 텔레파시도 초감각 능력에 포함된다.

그들의 겨울은 난방기구도 하나 없이 정말 추웠을 것이다. 또 에어컨이 없는 여름에는 얼마나 더웠을까? 사르르 눈이 녹는 것으로 보아 훈훈한 봄바람이 부는 것을 온몸으로 느꼈으리라. 숨막히는 더위에서 해방되는 가을에는 진심으로 감사하는 마음이 들었을 것이다. 자연의 감각을 그대로 받아들이고 온몸으로 껴안았던 것이다.

또 외적으로부터 몸을 보호하기 위해 시각, 청각, 후각 등이 현대인보다 훨씬 더 예민했을 것이 틀림없다.

개의 후각은 인간의 100만 배 이상인데, 원시 시대에는 인간도 개나 그 밖의 동물처럼 타고난 감각을 지니고 있었다.

그런데 현대의 우리는 어떠한가. 냉난방 기구, 냉장고, 의류 등에 에워싸여 1년 내내 안이한 생활을 하고 있다.

다른 동물에게 갑자기 습격당해 잡아먹히는 일이 거의 없기 때문에 외적으로부터 몸을 보호하기 위한 눈, 귀, 코의 높은 능력도 굳이 필요로 하지 않는다. 따라서 그러한 부분에 대한 능력이 자연스레 퇴화해 버린 것이다. 텔레파시 능력도 마찬가지이다.

그러나 텔레파시 능력은 얼마든지 다시 끄집어낼 수 있다. 개인차는 있지만 줄곧 서랍 속에 넣어두고 있던 뽀얗게 먼지가 쌓여 있는 물건을 꺼내는 것과 같다.

그것은 본디부터 타고난 당신 속에 있다. 그리고 그 텔레파시 능력을 서랍에서 꺼내는 작업은 그다지 어려운 일이 아니다.

당신이 본디 가지고 있는 텔레파시 능력을 꺼내기 위해 이 책이 있다.

가끔은 인간의 언어를 잠시 쉬고, 애견의 언어(텔레파시)에 귀를 기울여보자. 틀림없이 많은 것을 발견하게 될 것이다.

이제 여러분도 인간에게는 나면서부터 텔레파시를 사용하여 타인과 소통할 수 있는 능력을 갖추고 있다는 것은 충분히 상상이 갈 것이다. 애니멀 커뮤니케이션은 공부하는 것이 아니다. 이미 알고 있는 방법을 떠올리기만 하면 된다. 그것은 우리의 신체에 나면서부터 갖춰져 있기 때문이다. 애니멀 커뮤니케이션뿐만 아니라, 뭔가 다른 사물에 관해서도 처음부터 방법을 공부하는 것보다, 이미 알고 있는 방법을 생각해내는 것이 훨씬 간단하다.

그렇지만, 이 책은 여러분이 모르는 애니멀 커뮤니케이션 방법을 가르쳐주는 책이므로, 여기서는 애니멀 커뮤니케이션을 '배운다'는 표현을 사용한다.

이 책을 읽음으로써, 새로운 테크닉과 스킬업을 위한 훈련방법을 배울 수 있다. 물론 당신은 텔레파시를 이용하여 커뮤니케이션하는 능력을 잠재적으로 가지고 있지만, 그 텔레파시용 근육은, 말하자면 전혀 사용하지 않은 근육과 마찬가지로 퇴화하여 느슨해진 상태가 되고 말았다. 그래서 이 책은 텔레파시용 근육을 자기 자신 속에서 찾아내는 것, 그리고 그 근육을 강화하는 것에 초점을 두고 있다.

근육을 단련하려면 체육관에 다니면서 꾸준히 훈련을 하는 것이 가장 좋은 방법이다. 그것과 마찬가지로 애니멀 커뮤니케이션을 진지하게 배우고 싶다면, 이 책 속에 지시되어 있는 과정을 몇 번이고 다시 읽고 되풀이하여 연습하기 바란다.

텔레파시를 이용해 개와 대화를 나누는 스타일은 다양하다. 우리가 이야기하는 말과 언어로 메시지가 전달되거나 영화의 스크린처럼 영상이 보이는 것, 또는 감정이 전해오거나 개가 가장 전달하기 쉬운 기분을 상징적인 이미지와 소리 등으로 전해 오기도 한다.

그야말로 언어, 이미지, 영상을 통해 시각, 청각, 후각, 직감 등 모든 것을 이용하여 대화하는 것이다. 대화가 어떤 스타일로 이루어질지는 사람마다 제각기 다르다. 언어로 듣고 싶어도 영상으로 보이는 일도 있고 그 반대일 때도 있다.

중요한 것은 어떤 형태이든 자신이 들은(보고 느낀) 애견의 메시지를 믿고 진심으로 받아들이는 것이다.

메시지를 느껴도 착각으로 생각하거나 우연으로 여기지 말고 진지하게 귀를 기울이자.

텔레파시라고 하면 나에게는 일어날 수 없다는 버거운 느낌이 들기 쉬운데, 그것은 우리가 일상적으로 느끼고 있는 보통의 감각을 가리키는 말이다.

이를테면 전화나 메일을 보낼까하고 생각하는 순간, 상대방한테서 연락이 오는 경험을 한 적이 없는가? "방금 메일을 보내려던 참인데!" 이런 느낌이다.

이것도 일종의 텔레파시이다. 본디 누구나 가지고 있는 능력인데, 그런 일이 일어나도 우연이라고 가벼이 생각할 뿐이다.

현대의 편안한 생활 속에서 인간이 느끼는 능력은 퇴화하고 말았다.

그러므로 AC는 특별한 사람만이 할 수 있는 것이 아니다. 당신이 말을 걸고 싶은 애견에게 의식을 집중하여 연습하면 틀림없이 커뮤니케이션을 할 수 있다. 시험해 보면 금방 결과가 나오는 사람도 있다. 부디 즐기면서 애견과의 대화를 시도해보기 바란다.

1 애니멀 커뮤니케이션은 어떤 구조로 되어 있을까?

애니멀 커뮤니케이션에 대한 이해를 깊이 했으니 이번에는 그 구조를 소개할 차례이다. 우선 자신이 거대한 파라볼라 안테나(위성방송용 둥근 접시형 안테나)가 된 것을 상상해 보자. 어떤 특정한 주파수를 선택하도록 설정하면 안테나는 그 전파를 잡는다. 애니멀 커뮤니케이션도 그와 비슷한 구조로 되어 있다. 그런 안테나를 사용하면, 특정한 동물이 보내는 전파의 주파수에 맞출 수가 있다.

모든 사람과 동물은 각각 자신만의 주파수를 가지고 있다. 브루스 립턴 박사의 저서 《'생각'의 놀라운 힘》은 매우 획기적인 생각을 보여주는 책인데, 그 책에서 박사는 '우리 모두는 각자 독자적인 주파수를 가지고 있다'는 생각에 대해 다음과 같은 과학적인 근거를 제시했다.

－원자는 하나하나가 다른 방법으로 끊임없이 회전하고 움직이고 있다. 그것은 각각의 원자가 저마다 다른 바이브레이션(진동수)을 가지고 있음을 나타낸다－

즉 모든 생물의 신체를 형성하고 있는 모든 원자는 하나의 덩어리(신체)가 된다 해도, 그 사람의 영혼마다 각각 특유의 진동수, 즉 주파수를 가지고 있다는 말이다. 그래서 어떤 특정한 동물의 주파수에 안테나를 맞추면, 자신의 '생각을 실은 전파'를 보내거나 상대의 '생각을 실은 전파'를 받을 수 있는 것이다.

알다시피 전파라는 것은 육안으로는 볼 수 없지만, 지구상 어디든 날아갈 수 있다. 텔레파시를 이용하여 당신의 생각을 실은 전파를 보낼 때도 이와 같다.

텔레파시에서는 상대와 거리가 얼마나 떨어져 있든 상관없다. 실제로 미국에서 중국이나 남아프리카, 유럽, 캐나다, 그 밖의 어떤 장소에 있는 동물들과도 이야기할 수 있다. 상대 동물과의 사이에 놓여 있는 물리적인 거리는 아무 상관이 없다. 멀다고 해서 서로 받아들이는 정보의 질이 떨어지거나 자세한 내용이 전달되지 않는 것도 아니다. 생각을 실은 전파를 이용하여 타인과 서로 속마음을 송수신한다는 생각은 좀처럼 이해하기 어려울 것이다. 그 기분은 잘 알 수 있다.

현재로서는 그것을 증명하는 것은 아직 불가능하지만, 과학이 발달함에 따라 언젠가는 생각을 실은 전파를 실제로 측정할 수 있게 될 것이다. 그리고 언젠가는 동물과 의사소통을 할 수 있는 세계로의 문이 활짝 열릴 날이 올 것이다. 그날이 올 때까지는 우리가 이 흥미진진한 분야의 개척자가 되는 셈이다.

"우리가 모르는 언어를 사용하고 있는 나라에 사는 동물들과는 어떻게 대화를 나눌 수 있을까?"

이것도 우리가 자주 느끼는 의문 가운데 하나이다. 영국 사람이 중국에 사는 동물과 커뮤니케이션을 할 수 있는 것은 아마도, 텔레파시를 이용하면 언어의 이면에 있는 '상대가 진심으로 전하고 싶은 것'이 전해지기 때문일 것이다. 우리가 수신하는 것은 언어 자체라기보다는 단어와 문장에 담겨진 상대의 감정과 생각이다.

우리가 지닌 안테나는 동물의 생각을 수신하여 그것을 우리가 이해할 수 있는 형태로 번역해 준다. 여느 집에서 볼 수 있는 텔레비전 안테나와 같다. 안테나가 전파를 수신하여 그것을 수신 장치로 보내면, 수신 장치가 전파를 해석하여 영상(프로그램)을 볼 수

있게 되는 것을 상상해 보기 바란다.

그런데 자신도 모르는 사이에 상대의 속마음을 읽은 경험은 없을까? 예를 들면, 누군가가 당신에 대해 웃으면서 칭찬하고 있을 때, '이 사람은 나를 별로 좋아하지 않아.' 또는 '지금 진심으로 칭찬하고 있는 것은 아니구나.' 하고 직감적으로 느낀 적은 없는가? 누구나 한번쯤은 그런 경험이 있을 것이다. 이것이 바로 직감적으로 대화의 이면에 숨겨져 있는 상대의 감정과 본심을 수신한 것이다.

이와 같이 감각과 직감이 언어를 주고받는 것보다 더 신뢰할 수 있거나 도움이 되는 경우도 많다.

2 텔레파시 능력을 관장하는 잠재의식

텔레파시가 어떻게 발생하는지 그 구조를 간단하게 설명해보자. 당신도 '잠재의식'이라는 말은 알고 있을 것이다.

최근에는 정신적인 세계뿐만 아니라, 비즈니스 성공철학에서도 흔히 소개되고 있는 이 말은 텔레파시와도 매우 밀접한 관련이 있다.

정신분석학자 프로이트는 인간에게는 현재의식(顯在意識 ; 평소에 인식하고 있는 의식) 외에 인식할 수 없는 '무의식'이라는 것이 있다는 것을 발견했다.

무의식이라고 단정하지만 의식이 전혀 없는 것은 아니다. 무의식적인 행동은, 의식하고 있지는 않지만 자신도 깨닫지 못한 채 유유히 사고하고 행동하는 것을 말한다.

이를테면 호흡이 그 대표적인 예이다. 의식적으로 할 수도 있고 무의식적으로도 인간은 호흡하고 있다.

잠재의식이란 바로 그 무의식을 가리킨다.

그런 잠재의식은 인간뿐만 아니라 개(살아있는 생물)에게도 있다.

그리고 우리 인간은 자신도 모르는 사이에 잠재의식을 통해 개와 접촉하고 있다. 그것은 무의식 속의 일이어서 평소의 의식으로는 알 수 없다. 이것이 텔레파시인데, 보통은 그것을 깨닫지 못하고 있을 뿐이다.

이를테면 마음을 나눌 수 있는 개를 키우고 싶다고 생각한다. 그리고 개도 믿을 수 있는 주인을 얻고 싶어 한다. 이 양쪽의 생각이 잠재의식의 텔레파시를 통해 심벌즈가 쨍하고 울리듯 만나야 할 상대를 만나는 것이다.

맨 처음 애견을 보았을 때 "바로 이 아이다! 이건 운명적인 만남이야!" 하고 직감적으로 느껴서 가족의 일원으로 맞아들인 사람도 있을 것이다.

그런 일은 그야말로 텔레파시를 통한 의미 있는 우연의 일치, 아니, 의미 있는 우연한 만남이다.

잠재의식 속에서 텔레파시 교류는 인간과 개 사이도 그렇지만, 인간끼리도 빈번하게 일어난다.

인간끼리의 경우, '예감'이라 불리는 것이 바로 그것이다. 당신도 한번은 이런 경험을 한 적이 있지 않을까?

· 옛날 앨범을 들여다보고 있는데 함께 사진을 찍었던 친구한테서 연락이 온다.

· TV를 켜니 방금 생각한 내용의 광고나 프로그램이 방송되고

강아지와 대화를 나누는 방법

있다.

- 메일을 보내려고 생각한 순간, 상대방한테서 메일이 온다.

"그런 건 우연이잖아?" 하고 단순히 생각할지도 모르지만, 그것은 텔레파시 현상이고 의미가 있는 우연의 일치이다.

왜냐하면 텔레파시란 마법이 아니라 정보를 끌어당기는 힘이기 때문이다.

평소의 의식으로는 인식할 수 없지만, 텔레파시에 의한 당신과 애견의 커뮤니케이션은 분명 존재한다. 이 책에 소개된 방법을 실천하면 평소에도 충분히 그것을 느낄 수 있게 된다.

3 더욱 고상한 존재와의 커뮤니케이션

동물들을 상대로 텔레파시를 이용한 커뮤니케이션에서는 실제 눈으로 보고 손으로 만질 수 있는 신체를 떠난 더욱 고상한 존재인 '영혼'과 마주하게 된다.

당신은 이원성이라는 말을 알고 있는가? 이원성이란 모든 생물은 일상생활을 보내고 있는 육체적인 부분과, '영혼'이나 '고차원 의식'이라고 불리는 정신적인 부분, 이 두 가지로 구성됨을 뜻한다. 모든 생물이 이원성을 두루 갖추고 있다는 생각에는 찬성하는 사람들이 많고, 틀림없이 동물들도 이 생각을 지지할 것이라 믿는다.

자아나 성격은 신체의 크기, 형태, 특징과는 관계가 없다. 물론 우리의 마음이 신체에 투영되는 면도 있기는 하다. 하지만 신체는 영혼을 담는 그릇에 지나지 않는다. 정말 중요한 것은 정신적인 부분, 즉 '영혼'임을 잊어서는 안 된다.

PART 3
애견과 대화할 때 꼭 지켜야 할 것

1 동물에 대한 '이해'에서 친구가 되는 '실천'으로

이 책은 '동물과 대화를 나누는 법'을 다루고 있다. 여기까지 읽어왔다면 동물들이 무엇을 생각하고 원하는지 조금이나마 이해할 수 있을 것이다. 그러나 동물의 생태와 심리, 행동은 너무나 복잡 미묘하므로, 그것을 제대로 알면 곧 그들과 대화할 수 있다고 단순하게 생각할 수는 없을 것이다.

머릿속으로 동물에게는 어떠한 성질이 있고, 표정에 따라 어떻게 커뮤니케이션을 해야 하는지 아무리 떠올려도, 막상 현실에 부딪치면 좀처럼 생각대로 잘 되지 않게 마련이다.

이를테면, 가족이 다함께 즐거운 소풍을 갔다. 그때 우리는 이곳에 귀여운 동물이 있으면 얼마나 좋을까 하고 생각한다. 만약 그곳에 정말로 야생동물이 모습을 드러낸다면 어떻게 될까? 동물에 대해 잘 안다고 자부한 사람도, 평소에 말한 것과 완전히 반대되는 방식으로 동물들을 서툴게 대하는 경우가 많을 것이다.

도대체 왜 그런 결과가 되고 마는 것일까? 과장해서 말한다면, 이론에 실천이 뒤따르지 않기 때문이다. 동물에 대한 올바른 이해는 물론 중요하지만, 그 위에 누가 뭐라 해도 수많은 동물들과 직접 접하는 것이 그들과 친구가 되고 대화를 할 수 있는 최선의 길이라는 것을 꼭 기억하기 바란다. 이 장에서는 그럴 때의 구체적인 접근방법에 대해 살펴보기로 한다.

맨 먼저 기본적인 마음자세와 태도에 대해 정리한다면 다음과 같은 원칙을 들 수 있다.

1 동물의 생활을 어지럽히지 말 것

2 동물의 힘을 분별할 것

3 동물을 무서워하지 말 것

4 동물을 놀라게 하지 말 것

5 이야기는 조용한 태도로 할 것

이것은 주로 야생동물에 대한 접근법이고 애완동물과 가축에 대해서는,

1 식사와 산책 시간을 빠뜨리지 말 것

2 동물과 공동으로 할 수 있는 작업을 찾을 것

3 스킨십을 소중히 할 것

등이다.

2 가택침입죄는 너구리인가 인간인가

만약 집 마당에 야생 다람쥐가 불쑥 나타난다면 여러분은 어떻게 할 것인가. 얼른 붙잡아서 우리에 넣을 것인가, 아니면 어떻게 하나 가만히 지켜볼 것인가. 우리나라 사람들은 대체로 야생동물을 그대로 두기 힘들어한다. 당장 큰 소동을 벌이고 일일이 쫓아다니며, 일단 붙잡아서 우리에 가두지 않으면 불안해 하면서 손으로 쥐고 있어도 성에 차지 않는 모양이다.

마당에 나타난 날다람쥐를 장대로 후려쳐 떨어뜨린 뒤, 개까지 풀어 한사코 붙잡아서 의기양양 동물원에 가져오는 사람이 있다. 어째서 그대로 두지를 못하는 걸까? 그런 곤경을 치른 동물은 대개 크게 다치거나 큰 충격을 받아서, 동물원에서 키워도 시름시름 앓다가 이내 죽고 만다. 자연 속 소중한 생명의 손실이다.

또 이른 봄에는 오리들도 수난을 당한다. 물오리와 흰뺨검둥오리는 하천에서 살며 새끼를 낳는데, 부화 때 오리들은 뜻밖에도 물에서 멀찌감치 떨어진 곳에 둥지를 튼다. 물가가 아니라 산속 같은 곳에서 새끼를 부화하는 것이다. 그 뒤 어미오리는 많은 새끼들을 거느리고 물을 찾아 여행을 떠난다. 그 도중에 인간에게 발견되기라도 하면 그때부터 재난이 시작된다.

여기 오리새끼가 있어! 와, 신기하다! 온 집안이, 아니 온 마을사람들이 전부 달려들어 오리를 에워싸고 한바탕 소동을 벌이는 것이다.

산림을 깎아서 만든 신흥 주택지에 느닷없이 너구리가 나타난다. 새끼를 거느린 너구리를 얼른 붙잡은 사람은 자신의 마당에 무

단으로 들어왔기 때문에 가택침입죄를 물어 붙잡았다고 한다. 그러나 잘 생각해 보면 이런 적반하장도 없다.

너구리 입장에서는 옛날부터 오랫동안 살아온 숲을 하루아침에 잃은 것이다. 무지막지한 불도저에 밀려서 안심하고 새끼를 키울 수 있는 장소도 없이 위태위태하게 살고 있는 형편이다. 만약 너구리가 인간의 말을 할 줄 안다면 아마 이렇게 항의하지 않을까.

"인간이야말로 너구리에게 한 마디 양해도 구하지 않고 우리집에 들어온 것이 아니냐. 가택침입은 오히려 인간이다."

그밖에도 돌고래와 범고래가 수면 위로 나타나면 어떻게든 붙잡으려고 끝까지 쫓아다니면서 심지어 죽이기까지 한다. 만약 그들이 항구에 정착하여 뱃길을 안내해 준다면 얼마나 즐거울 것인가. 서양에는 사람들에게 사랑받는 바다표범과 돌고래가 많다고 하는데, 우리나라에서는 그런 아름다운 이야기를 전혀 들을 수가 없다. 나타났다 하면 무조건 몰살 작전이다.

어째서 야생동물을 그대로 두지 못하는 것일까. 어째서 들짐승의 생존권을 인정해 주지 않는 것일까? 인간이 그들의 생활을 어지럽힌다면, 당연히 그 점에 대해 보복하려는 동물도 있을 것이다. 그렇게 되면 이번에는 인간 생활이 어지러워지게 된다. 아니 생활은커녕 목숨도 보장할 수 없을지도 모른다. 상대에게 간섭하지 않는 공존공영이야말로 동물과 서로 교류하는 첫걸음이다.

앞에서도 말했듯이 동물들의 눈은 매우 예리하다. 우리가 상대를 바라볼 때 저쪽은 그 이상의 조심성을 가지고 이쪽을 세밀히 관찰하고 있다고 생각해야 한다. 당신의 모습이 보이는 순간 홱 달

아나버리는 동물이 있을지도 모른다. 우리가 상대에게 불안을 느끼는 것과 같이 동물도 당신을 모두 다 믿고 있지는 않다.

그러나 한동안 가만히 있으면 그들도 무턱대고 달아나 숨지는 않는다. 그리고 "아, 저 키 큰 동물은 우리 생활에 아무런 해도 끼치지 않는구나" 하고 느끼기 시작한다. 그러면 동물들은 안도하고 평소대로 생활하게 되는 것이다.

그래도 동물들이 달아나려고 하거나 겁을 내면서 안절부절못하는 기색으로 경계하는 표정을 띤다면, 그 원인은 인간 쪽에 있다고 생각할 필요가 있다. 왜냐하면, 동물들은 상대가 조금이라도 적의를 품고 있다고 판단하면, 그 즉시 자신도 같은 감정을 갖게 되기 때문이다. 이쪽이 불안과 분노에 찬 눈빛과 표정을 역력히 보이면, 그들도 어김없이 불신감을 품고 적의를 드러낸다.

"사랑해!
너를 절대 속이지 않을게.
너를 갖고 장난치지 않을게.
너의 허물없는 친구가 되어줄게.
난 널 행복하게 해주기 위해, 네가 필요한 걸 주기 위해 왔어. 뭐든 필요한 걸 말해봐. 뭐든 그걸 손에 넣도록 도와줄게."

동물 친구들은 분명 당신 말에 귀 기울일 것이다. 그리고 진심으로 이해할 것이다. 물론 알아들었다 해도 인간과 대화하는 데 익숙하지 않을 수도 있다.

동물과 진지하게 대화하는 법을 배우는 것이 무엇보다도 중요하다. 이때 대화는 일방적이어서는 안 되며 서로 머리를 맞대고 함께 문제를 풀어가는 것이 중요하다.

3 인간과 공존하는 에티오피아의 하이에나

야생동물들의 삶에 함부로 간섭하지 않고 가만히 관찰하면 어떤 점을 알 수 있을까? 그들이 얼마나 열심히 살아가고 있는지 너무나 절실하게 와 닿지 않을까?

도대체 그들은 어떻게 보금자리를 짓는 것일까? 새끼를 어떻게 키우고 가르치는 것일까? 주위의 수많은 위험에 어떻게 대비할까? 먹을 것을 어떻게 구할까? 등등, 그저 모든 게 감탄스러울 뿐이다.

만약 인간이 동물들에게 먹을 것을 준다면, 그들은 이내 익숙해져 길들게 될 것이다. 그런데 야생동물 길들이기에 대해서는 반대 의견이 적지 않다. 동물들이 야성을 잃어 인간의 도움 없이는 살 수 없게 될 위험이 있기 때문이다. 그 반대로 동물들이 인간생활에 깊이 관여하게 되어 생각지 않은 문제가 일어나기도 한다.

이를테면 인간에게 길들여지고 완전히 익숙해진 동물이, 모든 인간들마다 선의를 품고 있는 줄 알고 동물을 싫어하는 사람에게도 서슴없이 다가가거나, 논밭을 망치기라도 한다면, 기껏 길들인 동물을 어쩔 수 없이 잡아들여야 하는 경우도 있다.

동물의 생활에 지나치게 간섭하는 것도 좋지 않고, 인간의 생활에 동물이 너무 깊이 들어가도 곤란하다. 서로 자신의 위치를 알고 적당히 교류하는 것이 좋다.

그러나 추운 겨울날, 먹이를 구하지 못하는 새들을 위해 모이를 가득 담은 통을 나뭇가지에 걸어주고 싶은 마음이 드는 것도 인정이다. 슬로바키아의 타트라 산악국립공원에서도, 쌀쌀한 겨울철에 대비하여 영양을 위해, 나뭇가지를 저장해 두는 오두막을 여기저기서 볼 수 있다. 또한 폴란드 비알로비자의 유럽들소 보호구역에서도 겨울철에는 일정한 장소에서 들소들에게 사료를 제공하고 있다.

앞으로, 야생동물이 야성을 잃지 않을 정도로 적절히 도움을 주는 것은 필요할지도 모른다. 사람의 원조에 전적으로 의지하지 않고도 야생동물이 자신들의 생활을 자기힘으로 영위할 수 있는 환경을 꼭 남겨두어야 한다.

야생동물이 자기힘으로 생활할 수 있는 환경을 확보하는 것은 말처럼 쉬운 일이 아니다. 무엇보다 먼저 동물들이 하루에 보통 거리를 얼마나 걷고, 먹이를 얼마나 먹는지 알고 있어야 한다.

세계적으로 인구가 계속 증가하고 있는 오늘날, 야생동물의 생

영양　　　　　　　　　유럽들소

활터전이 점차 줄어들어, 넓은 국립공원이나 보호구역을 설치하고 그들의 생활을 보장해주지 않는다면, 결국 우리에게 친숙한 곰과 너구리도 지상에서 자취를 감추게 될 것이다.

서로에게 무관심하고, 자신의 입장을 각각 분별하는 가운데 서로 공존하는 예를 에티오피아에서 흔히 볼 수 있다.

에티오피아에는 유독 점박이하이에나가 많다. 세렝게티의 점박이하이에나는 클랜이라 불리는 집단을 이루어 사는데, 클랜 내부는 통제가 이루어져 일정한 규율에 따라 생활하고 있다. 점박이하이에나는 사자들이 먹고 남긴 뼈를 먹는데, 보통은 자기 손으로 누, 임팔라, 톰슨가젤, 그랜드가젤 등의 소형 영양들을 푹푹 쓰러뜨리며 생활한다.

그런데 에티오피아의 하이에나들은 사정이 조금 다르다. 그들은 나날의 양식을 대부분 인간이 남긴 음식에 의존하고 있다. 하이에나들은 밤마다 아름다운 시내에, 아니 마을에까지 출몰하면서 쓰레기를 마구 뒤지고 다닌다.

사막 속의 작은 마을 로기아에서는 한밤중의 쓰레기장에서 점박이하이에나와 들개의 치열한 싸움이 벌어진다. 철망 하나를 사이에 두고 마을의 오솔길이 있는 곳 옆을 커다란 짐승 그림자가 신음하면서 지나가곤 한다.

그런데 놀랍게도 그 가난한 건물의 처마 밑에는 마을 사람이 몸에 하얀 천만 한 장 걸치고 지면에 누워 뒹굴거리며 태연히 있다. 마을 사람들은 하이에나를 전혀 두려워하지 않고, 점박이하이에나들도 완전히 무심한 눈길로 인간을 본다.

강아지와 대화를 나누는 방법

〈동아프리카의 영양들〉

엘란드

그랜드가젤

사슴영양

토피영양

톰슨가젤

하이에나는 보통 몸무게가 50~60kg이나 되는 대형 육식동물로, 그 이빨은 사자도 못먹고 남긴 뼈까지 잘근잘근 분쇄할 정도로 강하다. 우리에게는 무척 무시무시하게 생각되지만, 에티오피아 사람들에게 점박이하이에나는 어릴 때부터 늘 보아오던 것이어서 친숙한 동물이다. 공포심은 커녕, 불결한 쓰레기를 말끔히 치워주는 청소차 같은 동물로 유익하게 생각하고 있을지도 모른다.

거기서는 하이에나도 인간도 상대의 생활에 전혀 간섭하지 않고 함께 공존하고 있는 것 같다.

4 도둑이 개에게 약한 것은

길을 걷다가 커다란 개와 마주친다. 순간적으로 무섭다, 짖으면 어떡하지 하고 걱정한다. 그러면 이상하게 꼭 개가 짖어서 당황했던 경험이 없는가. 두려워하면 할수록 상대는 바짝 따라오면서 무섭게 짖는다.

동물들은 언제 어디서나 사람의 마음에 민감하다. 이쪽이 무섭다, 이 동물은 싫어, 하고 생각하면, 아무리 겉으로 드러내지 않더라도 상대도 느끼게 된다. 그러면 상대도 그것에 대응하여 자세를 갖추고, 더욱 무시하고 덤벼들기도 한다.

상대의 감정을 간파하는 것은 반드시 동물만의 특기가 아니다. 그것은 인간끼리도 경험할 수 있는 흔한 일이다. 그러므로 아무리 한국어를 모르는 외국인이라 해도, 장난으로라도 욕을 하거나 놀려서는 안 된다. 분위기로 알 수 있다. 웃음소리 하나만 봐도, 진심으로 즐거운 웃음소리와 조소는 자연히 다를 수밖에 없다. 그것은 언어가 통하지 않는 외국을 여행해 보면 실감할 수 있다. 그런 때는 이쪽도 필사적이 되어, 상대의 몸짓에서 의미를 읽으려는 동물적 감각이 왕성해진다.

길을 가다가 개 짖는 소리에 놀라 못 박히듯 그 자리에 서버리면, 상대에게 더욱더 휘말리게 된다. 도둑이 개에게 약한 것도, 개가 짖으면 당황하게 되어 마음속 깊숙이 숨어 있는 일말의 양심이 곧 태도로 나타나서, 한층 개의 의심을 사는 것이 아닐까? 그런 점에서 동물은 상대의 역량을 간파하는 것도 빠르다고 할 수 있다.

그렇다고 해서 이쪽이 공격적으로 나가면 저쪽에서 달아나 줄 것인가 하면, 일은 그렇게 간단하지가 않다. 평소와 다른 마음의 움직임이 상대를 경계하게 만들기 때문이다. 그러므로 무심하게 있는 것이 가장 좋다. 그러나 아무래도 마음이 약한 인간이라 도저히 바위처럼 묵묵히 있을 수는 없는 노릇이다.

동물에 대한 이 공포심은 도대체 어디서 오는 것일까? 앞에서도 언급했듯이 동물에 대한 무지가 가장 큰 요인이다.

그런데 무심해지는 것이 가장 좋다고 말했는데, 이 무심함이 동물에 미치는 영향은 어떤 것일까?

어른은 지식이 있는 만큼 여러 모로 생각하다보면 좀처럼 무심해질 수 없지만, 어린아이는 천진난만하여 동물을 태연하게 접하고, 때로는 매우 가까워지기도 한다. 더군다나 어린아이는 장난기도 왕성하여, 동물의 귀나 꼬리를 잡아당기면서 그들이 싫어하는 짓을 무심코 하기 때문에, 어른의 올바른 지도가 없으면, 상대가 약한

PART 3 애견과 대화할 때 꼭 지켜야 할 것

동물일 경우에는 본의 아니게 죽이게 되는 일도 있고, 반대로 상대가 덤벼들어 덥석 물리는 경우도 있다.

5 플래시보다 셔터 소리를 더 싫어하는 동물들

동물들은 주위 환경의 변화를 좋아하지 않는다. 갑작스러운 큰 소리나 커다란 몸짓은 우리가 상상하는 이상으로 그들을 깜짝 놀라게 한다. 동물의 입장에서는 상대가 난데없이 달리거나 뛰어오르면 뭔가 위급한 사태가 닥쳐오고 있다고 온몸으로 느낀다. 평소 야생동물들은 움직임이 느긋하고 서두르는 법이 없다. 그들이 바삐 움직이는 것은, 위급에 처해 어쩔 수 없이 달아나야 할 때나 사냥을 할 때뿐이다.

그래서 사람이 그들 앞에서 무심코 팔을 쳐들거나 경중경중 뛰어오르고 달리기 시작하면, 그것만으로도 상대에게 경계심을 불러일으킨다는 것을 알아야 한다.

그와 동시에 큰 소리를 내는 것도 주의해야 한다. 의외로 야생동물은 사진기 플래시에는 그다지 놀라지 않는다. 이를테면 너구리들은 플래시를 여러 번 터뜨려도 무심해 보이고, 이것은 날다람쥐를 찍을 때도 마찬가지다. 태연자약하게 나뭇가지에 앉아 펑펑 터지는 플래시에도 아랑곳하지 않고 꾸벅꾸벅 졸기까지 하는 날다람쥐도 있다.

그것은 외국에서도 마찬가지여서, 에티오피아의 하이에나도 플래시에는 전혀 관심이 없고, 세렝게티의 바위너구리도 무심하다. 이 점은 사람들이 지금까지 일반적으로 생각해온 바와 크게 다른 데, 야생동물들은 플래시를 일종의 번갯불로 착각할지도 모른다.

빛에 대해서는 태연한 태도를 보이는 대신 소리에 대해서는 매우 민감하다. 찰칵! 하는 셔터 소리에 동물들은 소스라치게 놀라고, 족제비는 멀리 달아나기까지 한다. 그리고 약간의 몸짓에도 화들짝 놀라 곧 경계태세에 들어간다.

동물을 관찰할 때, 흔히 돌이 되라는 말을 한다. 가만히 움직이지 말라는 얘기다. 그렇게 해야 상당히 가까이 접근하여 상대를 제대로 볼 수 있다.

이것은 사육되고 있는 가축에도 그대로 적용된다. 달그락거리고, 쨍그렁거리면서 양동이를 내던지고, 문짝을 거칠게 꽝 닫는다면, 그때마다 동물은 기절초풍하지 않을 수 없다. 자연히 행동거지도 안정을 잃게 된다. 동물과 사귀려면, 딱딱한 예절까지는 아니더라도 조용조용 행동할 필요가 있다.

바워너구리　　　　　　북방족제비

6 할머니와 개의 등산

요즘에는 여행이나 그 밖의 일로 집을 오래 비울 때 반려동물을 애견호텔이나 시설에 맡기고 가는 사람들이 많아졌다. 그것도 그런대로 좋지만, 개도 함께 데리고 여행을 즐겁게 다닐 수 있는 세상이 더 좋지 않을까? 그것은 우리나라처럼 인구가 많고 교통기관이 초만원인 나라에서는 도저히 무리한 주문일까?

이미 수십 년 전부터 동유럽에서는 주인과 함께 여행하는 개를 많이 볼 수 있다. 플랫폼이나 기차 속, 동물원 속에서도 크고 작은 개들이 주인과 함께 있는 모습을 흔히 볼 수 있다. 안타깝게도 우리나라 동물원은 애완동물을 금지하지만, 동유럽에서는 전혀 문제없다. 특히 놀라운 것은 개를 데리고 등산하는 할머니도 있다는 사실이다.

슬로바키아의 타트라 산악국립공원에서는 할머니가 손에 바구니를 들고 골짜기를 천천히 올라가는 광경을 볼 수 있다. 바구니 안에는 귀여운 몰티즈가 한 마리 들어 있다. 타트라 산은 2천미터급의 봉우리들이 줄지어 서 있는 산이다. 보는 사람은 혼자도 여간 힘들지 않을 텐데 개를 걷게 하는 게 어떨까 하는 생각이 들지만, 할머니는 아무렇지도 않게 바구니를 들고 간다. 산장에서 쉴 때도, 산장 안은 등산객으로 무척 붐비고 있지만 작은 개는 무척 얌전해서 누구에게도 피해를 주지 않는다. 등산을 마치고 돌아가는 기차 안에서도 강아지는 할머니 무릎 위에 얌전히 앉아 있다.

이렇게 유럽에서는, 주인이 가는 곳이면 개들은 어디든지 따라가지만, 절대로 타인에게 피해를 주지 않도록 잘 훈련되어 있다.

그 점은 우리도 더욱 본받을 필요가 있을 것이다.

'애완견 호텔'도 좋지만, 한편으로는 아무렇지도 않게 개를 버리는 풍조도 심심찮게 일어나고 있다.

말의 경우도 그렇다. 승마가 사람들의 사랑을 받으면서 여기저기 승마클럽이 생긴 것은 환영할 만한 일이다. 그러나 클럽에 말을 타러 가는 사람 가운데 과연 몇 사람이나 말을 탄 뒤 말을 손질하는 경험을 할까? 대부분 사람들은 타고나면 그대로 돌아가 버릴 것이다. 그러면 말의 기분을 진정으로 이해하기는 어려울 것이다.

말을 탄 뒤의 말 손질은 여간 힘든 일이 아니다. 온몸에 묻은 땀을 짚으로 문질러 말리고, 더러움을 씻어내 주어야 한다. 손질을 한 말에게 물과 여물을 준 뒤에야 인간도 비로소 휴식을 취할 수가 있다. 그 손질을 싫어하는 사람은, 아무리 승마에 능숙해져도 호스 마스터가 될 수 없을 것이다.

이 손질 시간이야말로 말과 각별한 친구가 될 수 있는 절호의 기회이다. 부드러운 목소리로 말과 두런두런 이야기를 나누면서, 호주머니 안에 있는 당근으로 말에게 다가갈 수 있다. 손질을 하다 보면 말 몸 어딘가 있을 상처도 금세 알 수 있고, 그것을 조기 발견하여 고쳐줄 수도 있다. 귀찮은 생각에 모조리 남에게 맡긴다면, 언제까지나 말의 속 깊은 마음을 이해할 수 없지 않을까.

7 동물들은 조용한 대화를 기다리고 있다

동물들은 인간의 말을 그 동작이나 표정과 관련지어 어느 정도 이해한다고 한다. 그럼 구체적으로 어떤 소리, 어떤 태도로 접하는 것이 효과적일까?

동물들에게도 감정을 나타내는 목소리가 여러 가지 있어서, 화났을 때의 소리, 기쁠 때의 소리, 기분이 편안하고 마음이 평온할 때의 소리, 고통을 나타내는 소리 등이 있다. 그리고 동물에게 노래를 부르듯 부드럽게 말을 거는 소리는, 의미를 모른다 해도 동물에게 이쪽이 편안하고 적의가 없다는 것을 전하는 데 도움이 된다.

동물들을 보고 있으면, 사자나 개, 고양이 등이 기분이 좋을 때는 혼자 뭔가 소리를 내면서 의미가 확실하지 않는 말을 중얼거리는 일이 있다. 인간의 온화한 말도 이와 마찬가지로 동물에게는 얼어붙은 마음을 따뜻하게 말랑말랑 녹여주는 기분 좋은 소리로 들리지 않을까? 동물에게 말을 걸 때 꼭 큰 소리를 낼 필요는 없다. 일반적으로 동물은 인간보다 청각이 발달해 있어서 작은 소리도 충분히 알아듣는다.

동물에게 말을 거는 억양은 일정한 음률이 바람직하다. 갑자기 큰소리를 내거나 크게 웃는 것보다 가만가만 말을 거는 것이 상대를 안심시키는 것 같다.

동물원에 처음 수용되어 낯선 인간(동물원 직원)에게 화를 내고 소리를 지르며 달려드는 동물도, 오랜 시간을 들여 나직이 달래듯 계속 말을 걸어주면 고분고분해지는 경우가 있다. 물론 동물과 친구가 되고자 하는 마음을 목소리에 담아서, 말하자면 상대를 설득하는 것이다.

그리하여 아프리카에서 방금 도착한 사자를 완전히 손안에 넣어 뒤엉킨 갈기를 빗으로 빗어준, 미국 브롱크스 동물원의 사자 사유담당 마티니 씨에 대해서는 앞에서도 소개했다. 마찬가지로 미국의 유명한 동물소설가 E. T. 시턴 역시 동물에게 말을 걺으로써 상대의 기분을 안정시키는 광경을 자신의 애견 불테리어와 그 밖의 동물편에서 기록했다.

포유류뿐만 아니라 조류에 대해서도 이 말걸기가 유용할 때가 있다. 다음은 미국에서 있었던 어느 동물원장의 에피소드이다. 수십 년 전의 일인데, 동물병원에 잉꼬 한 마리가 종양 수술을 위해 입원한 적이 있었다. 그 잉꼬는 상당히 수다쟁이였는데, 사람을 잘 따르는 편은 아니었다. 사람이 새조롱에 손을 넣으려 하면 당장 커다란 부리로 쪼으려고 달려들 정도였다.

그러던 어느 날, 아는 사람의 집을 방문하게 된 그는 잉꼬를 발견하자 이내 옆으로 다가갔다. 잉꼬가 뭔가 입안으로 중얼거렸다. 그것을 듣자 원장은 잉꼬의 목소리로 말을 걸기 시작했다.

"빠라빠라빠라빠라빠라바, 빠라빠라바."

무슨 의미인지 전혀 알 수 없었다. 아니 의미 같은 건 아예 처음부터 없었다. 그런데도 잉꼬는 매우 만족한 것처럼 보였다.

잉꼬가 창살 가까이 머리를 내밀었다. 원장의 말 걸기는 여전히 계속되었고, 그는 드디어 창살사이로 손가락을 넣어 잉꼬의 머리를 긁어주기 시작했다. 잉꼬는 기분 좋은 듯이 고개를 내밀고 조용히 있었다. 평소의 거친 그림자는 싹 사라지고 없었다. 이것은 말걸기가 보기 좋게 성공한 예라고 할 수 있다.

8 개에게 산책은 '정보를 수집하는' 시간

동물과의 커뮤니케이션에서 구체적인 태도에 대한 원칙은 야생동물은 물론이고 주변의 가축이나 애완동물을 다루는 데도 적용되는데, 그 경우에는 더욱더, 인간과 공동생활을 해야 한다는 조건이 있다.

가축과 애완동물은 매일 얼굴을 마주하고 있으므로, 야생동물과 달리 친근감도 들고 서로 마음도 통하는 것도 틀림없다. 그러나 그렇기 때문에 소홀하게 취급해 버릴 수도 있다. 어제 사이좋게 놀고 충분히 보살펴 주었으니 오늘은 혼자 내버려둬도 괜찮은 게 아니다. 예를 들어, 개가 하도 소란을 피워서 왜 그러나 하고 생각했더니 하루 종일 밥 주는 것을 까맣게 잊고 있었다—이를 두고 인간은 웃으면서 말할 수 있을지 몰라도 개에게는 큰일 날 일이다. 인간이 기분 좋을 때만 금이야 옥이야 하고 울적한 마음에 나 몰라라 외면한다면, 그들도 도저히 마음을 열지 못할 것이고 인간과 친해져야겠다고 생각할 리가 만무하다. 가축이든 애완동물이든 키우는 데는 그에 합당한 마음자세가 필요하다. 더 나은 반려가 되기 위한 최소한의 조건만은 알고 있어야 한다.

일단 동물을 키운다면 자기 자신보다 동물을 우선해야 한다. 약간 지나친 말일지 모르지만 그만한 각오는 필요하다. 이를테면 개를 데리고 산책하는 일 하나만 봐도 그렇다. 비가 오는 날도 있고, 춥고 눈 오는 날도 있다. 술에 취해 귀가하여 이튿날 아침 도저히 일어나지 못하는 날도 있다. 하루쯤 산책을 빠져도 개가 불평하지는 않겠지, 하고 생각하기 쉽다. 분명히 개는 직접 대놓고 불평을 하진 않을 것이다. 하지만 마음속으로 몹시 실망하고 있다.

동물을 돌보는 데는 많은 일들이 필요하다. 맨 먼저 먹을 것을 적절히 주어야 한다. 동물의 종류에 따라 취향이 다르고 각각 필요한 영양분도 다르다. 이 책은 애완동물의 사육법을 다루는 책은 아니므로, 음식의 종류에 대해서는 상세히 이야기하지 않겠지만, 이를테면 개에게는 그들이 원래 육식동물이었다는 것을 잊지 말고 영양가 있는 음식을 주기 바란다.

최근에는 힘들이지 않고 동물을 키울 수 있다는 캐치프레이즈 하에 각종 인공사료가 나와 있다. 물론 그것도 나름대로 영양가도 있고 칼로리도 계산해서 만든 것이겠지만, 힘들이지 않고 동물을 키울 수 있다는 선전문구가 내키지 않는다. 무릇 생물을 키우는 데는 정성어린 수고가 드는 법이다.

그것이 귀찮다면 정교한 태엽장치 장난감이라도 사서 장식해 두면 된다. 수고를 함으로써 상대도 이쪽의 마음에 보답해 주는 것이 아닐까?

다음과 같은 이야기를 듣고 독자 여러분은 어떤 기분이 들까? 개 사료는 개의 배설물이 물에 잘 씻겨나가도록 만들어져 있다고 한다. 애완견을 전문적으로 기르는 곳에서 개를 사육하면서 배설을 위해 개를 산책하러 데리고 나가지 않아도 되고, 청소도 간편하여 수고가 들지 않는다는 것이다. 산책하러 데리고 나가는 데도 힘이 든다는 것은 과연 일반적인 생각일까? 개장수처럼 개를 수 십 마리씩 상품으로 취급하는 곳은 그렇다 치고, 애완동물로서 개를 키우고 있는 일반가정까지 그런 식으로 생각한다면 너무나 개의 마음을 무참히 짓밟는 것이 아닐까?

또 하나 비슷한 사례가 있다. 어떤 사람이 지인한테서 얼떨결에 개를 얻어왔는데 개를 묶어둔 장소에서는 절대로 배설을 하지 않고 밖에 데리고 나갈 때까지 처량하게 울고 있더라는 것이다. 그 사람은 제자리에서 배설해 주기를 원한다, 일일이 산책하러 데리고 나가줄 시간이 없다고 투덜거리며 불평한다. 그렇다면, 개를 키우는 것은 다시 생각해 보는 것이 좋지 않을까? 개는 배설을 한다는 목적 말고도 세상에 대한 정보를 수집하기 위해 밖에 나가고 싶어 한다. 게다가 개의 습성으로서 자신의 집을 청결하게 유지하고자 하는 마음을 지니고 있다. 흙을 파거나 나뭇가지를 모으는 등 이러한 행위는 집을 짓는 동물의 습성이기도 하다.

그 성질을 무시하고, 인간 좋을 대로 거처를 더럽게 쓰라는 건 너무나 가혹한 짓이다.

피곤할 때의 산책은 분명히 고통이다. 특히 한밤중에 일어나야 하는 경우에는 더 말할 것도 없다. 그러나 함께 살고 있는 동물이, 평소에 울지 않는 시간에 뭔가 해 달라는 듯이 호소하고 있을 때는 이상이 있다는 것이다. 바로 응해주지 않으면 같이 사는 의미가 없다.

강아지와 대화를 나누는 방법

172

PART 4
동물들의 메시지에 귀를 기울이자

1 모든 생명의 소리에 귀를 기울이자

대부분의 사람들은 애니멀 커뮤니케이션을 실천하는 동안, 동물들과의 대화는 말이 아니라 마음과 마음의 대화임을 깨닫는다. 언어로 표현할 수 없는 마음과 마음의 대화가 바로 이너 커뮤니케이션이다. 이 커뮤니케이션 방법은 여러분에게도 미지의 세계에서 온 낯선 것이 아니다. 분명 사람도 이너 커뮤니케이션을 통해 의사소통을 한 적이 있다.

사람은 어린 시절, 특히 0세부터 3세까지 이너 커뮤니케이션 능력이 매우 높아서 마음으로 이야기를 한다. 그 무렵 사람은 의식이 지극히 순수하여 눈에 보이지 않는 정신적인 것과 이어져서 살아간다.

어린 시절에는 누구나 순수한 영혼을 지닌 표현자로서 천진난만하게 내재하는 마음의 목소리를 표현할 수 있다. 어린 아기가 자신의 전생을 기억하고 있거나, 눈에 보이지 않는 것을 보는 것은 그 때문이며, 그 무렵은 동물들과 쉽게 서로 교감할 수 있다.

그러나 언어 커뮤니케이션이 발달함에 따라, 점차 이너 커뮤니케이션은 연기처럼 홀연히 사라져간다. 언어 커뮤니케이션을 달리 말하면 아우터 커뮤니케이션이다. 언어라는 매우 한정되고 평면적인 방법을 배워, 그 구조에 갇혀 영혼을 표현하면 자유로운 확대의식은 길을 잃어버리게 된다. 그리고 문자로 쓰는 일도 없고 소리로 표현하지도 않는 언어는 점차 잊어버려서, 무언의 소리를 듣는 능력은 의식의 밑바닥에서 잠들어버린다.

동물과의 커뮤니케이션을 통해 인간도 그 잠재의식에 접근하여 내재해 있는 영혼의 언어를 되살리는 것을 배울 수 있다. 그들의 소리 없는 언어를 온몸으로 느끼려 할 때, 마음과 마음을 이어주는 기분 좋은 파동이 전해져 온다.

이너 커뮤니케이션은 영혼의 커뮤니케이션이다.

그것은 모든 생명에 공통되는 '영혼의 소리'이다.

2 사랑하고 신뢰할 것

이너 커뮤니케이션을 하는 데 가장 중요한 것은 사랑하는 마음이다. 커뮤니케이션을 하고 싶은 상대를 진심으로 사랑하고, 그 아름다운 영혼에 의식을 보내는 것이다. 그리고 반드시 상대의 마음을 이해하고자 하는 강한 의지를 어떤 어려움 속에서도 계속 지니고 있어야 한다.

강아지와 대화를 나누는 방법

상대가 반드시 마음을 전해오리라는 두터운 신뢰관계가 마음의 문을 서서히 열게 한다. 이러한 커뮤니케이션을 거듭하는 동안 동물들에게서 그것을 배울 수 있다.

사람과 동물, 생명이 있는 모든 것에는 신뢰관계라는 균형이 필요하다. 모든 생명이 완전한 신뢰관계를 바탕으로 서로를 응시했을 때 멋진 순간이 태어난다. 우주의 별들이 기적적으로 균형을 유지하면서 돌고 있는 것도 서로에 대한 신뢰관계 때문이다.

동물과 커뮤니케이션할 때 가장 중요한 것은, 거듭 말하지만 사랑과 신뢰이다. 변함없는 사랑과 신뢰를 계속 보내면 반드시 그들의 마음과 이어질 수 있다.

그러기 위해서는 다양한 방법이 있는데, 당신이 가장 하기 쉬운 방법, 당신에게 가장 맞는 방법을 지혜롭게 선택하기 바란다. 그 방법을 당신은 반드시 찾아낼 수 있다. 단, 그 핵심이 되는 것은 상대에 대한 사랑과 신뢰임을 잊어서는 안 된다.

3 동물들의 메시지에 귀를 기울인다

애니멀 커뮤니케이션을 배울 때 중요한 단계가 몇 가지 있다. 그 중에서도 동물들이 우리에게 말을 걸어오는 '메시지를 알아듣는' 단계가 가장 중요한데, 대부분의 사람들이 가장 어렵게 느끼는 단계이기도 하다. 당신도 많은 사람들과 마찬가지로 함께 사는 동물에게 말을 걸고 대화를 나누고 있는 듯한 기분이 들 때가 있지 않은가? 알다시피 텔레파시를 이용하여 아무 때고 동물들과 마음을 소통하는 사람들이 있다. 그런데 사실은 그런 사람들도 당신과 마

찬가지로 동물에게 직접 말을 걸 때가 있다.

　동물들이 보내오는 정보를 텔레파시를 이용하여 받아들이거나 감지하는 사람은 실제로 있다. 동물들이 무엇을 생각하고 무엇을 원하는지 확실하게 알 수 있다! 당신도 원한다면, 언제라도 텔레파시를 이용하여 동물과 마음을 서로 전할 수가 있다. 그러기 위해서는 먼저 이 책을 더 읽고, 각장에 소개되어 있는 테크닉을 되풀이하여 연습하기 바란다.

4 애니멀 커뮤니케이션의 열쇠는 '장소'

　애니멀 커뮤니케이션은 그저 머리로 생각하고 귀로 듣는 것이 아니다. 하트 스페이스(마음의 장소)라고 하는, 신체의 내부에 있는 장소에서 한다. 그곳은 무척 조용하고 마음이 안정되는 장소이다. 애니멀 커뮤니케이션을 할 때는 그 특별한 장소로 의식을 가져가서 그곳에 머무를 수 있는지 어떤지가 중요한 열쇠가 된다. 그 구체적인 방법은 뒤에 이야기하겠지만, 여기서 이해해야 할 것은 '애니멀 커뮤니케이션은 두뇌를 사용해서 하는 것이 아니라는' 사실이다.

　인간의 머릿속은 온갖 잡념과 의미 없는 이야기로 가득한 번잡한 장소라고 생각하지 않는가? 이 잡념과 이야기는 간단하게 스위치를 꺼서 지울 수 있는 것이 아니다. 왜냐하면 빠르게 변해가는 현대사회에서는 바쁘게 머리를 굴려서 여러 가지 일을 동시에 해내는 능력이 요구되고 있기 때문이다. 실제로 복수의 업무를 한 번에 해내는 능력이 높은 사람일수록, 더 나은 일을 얻고 더 높은 급료를 받으며 더 높은 지위에 오를 수 있다.

PART 4 동물들의 메시지에 귀를 기울이자

반대로, 자신의 내면과 조용히 마주하는 것으로 칭찬을 받거나 높은 평가를 받는 일은 실사회에서는 거의 없다. 우리는 어릴 때부터 머리를 사용하여 다양한 일을 신속하게 처리하도록 단련되어 왔기 때문에, 이제 와서 그 연습을 중단하라고 한다 해서 그렇게 간단하게 되지 않는 것은 당연하다.

다만, 이 잡음이 애니멀 커뮤니케이션을 배우는 사람들에게 최대의 장애물인 것은 틀림없다. 텔레파시에 의한 커뮤니케이션은 미묘한 것으로, 어수선한 머릿속의 상태가 텔레파시라는 이름의 '전파' 수신을 방해하고 만다.

동물들의 메시지에 조용히 귀를 기울이고 그들의 이야기를 이해하는 데 방해가 되는 것은 머릿속의 온갖 이야기뿐만이 아니다. 자기 자신의 상상과 자기본위의 해석, 판단도 당신의 커뮤니케이션을 방해한다.

우리는 평소부터 무의식중에 머릿속에서 다양한 사물에 대해 판단을 내리고 있다. "그녀의 웃는 얼굴은 정말 멋지단 말이야. 틀림없이 그녀 자신도 멋진 사람일 거야." 라거나 "그 신입사원은 언제나 복장이 단정치 못한데 일을 잘할 수 있을까?" 하고 겉모습만 가지고 멋대로 판단한 경험이 있는 사람도 있을 것이다.

애니멀 커뮤니케이션에서는 이러한 상상과 자기 판단이 방해가 되어, 상대가 전하고자 하는 정보를 정확하게 받아들일 수 없는 경우도 있다.

여기서 자기 판단이 어떤 식으로 커뮤니케이션의 결과를 좌우하는지 예를 들어 살펴보자.

애니멀 커뮤니케이션을 배우고 있는 지선 씨는 방울이라는 귀여운 고양이와 함께 살고 있다. 주인과 함께 사는 것이 행복한 듯 보이는 방울이지만, 유독 지선 씨의 무릎 위에 앉지 않는다. 몇 번 안아 올려도 그때마다 금방 뛰어 내려가 버린다. 결국 지선 씨는 방울이가 자기를 싫어하는 것으로 생각하고, 그 이유를 찾기 위해 텔레파시를 이용하여 방울이에게 말을 걸었다. 그러자 방울이는 이렇게 말했다.

"물론 나도 누나 무릎 위에 앉고 싶어요. 하지만 나이를 먹어서 그런지 엉덩이가 아파서……. 그래서 무릎 위에 올라가 있으면 편하지가 않아요."

그런데 지선 씨는 이렇게 생각했다.

"내가 받아들인 정보는 틀림없이 잘못되어 있어. 방울이는 행복해 보이고 건강하게 여기저기 뛰어다니고 있잖아? 틀림없이 내가 마음에 들지 않는 거야."

이렇게 그녀는 자기 머릿속에서, 받아들인 정보와 다른 판단을 내리고 만 것이다.

며칠 뒤, 방울이가 자신의 집에 들어가는 데 악전고투하고 있는 것을 보았을 때, 지선 씨는 자신이 방울이의 이야기를 올바르게 받아들이지 않았던 것을 깨달았다고 한다.

이것은 한 예에 지나지 않지만, 애니멀 커뮤니케이션에서는 우리의 두뇌 때문에 동물들의 메시지를 받아들이지 못하거나, 정보의 내용에 그릇된 선입견을 가져서 때로는 동물들과의 유대가 단절되어 버리기도 한다.

5 애니멀 커뮤니케이션에 '명상'이 필요할까?

애니멀 커뮤니케이션을 배우는 첫걸음은 당신 자신의 내면에 있는 조용한 장소에 가는 것이다. 그 장소에 가면 동물들의 메시지를 확실하게 받아들일 수 있게 된다.

또한 애니멀 커뮤니케이션 강사 가운데 많은 사람들이, 그 조용한 장소에 이르기 위해 '명상'을 이용하고 있다. 확실히 명상은 멋진 방법이다. 다만 유감스럽게도, 갑자기 그것을 배우는 것은 애니멀 커뮤니케이션 초심자에게는 상당히 높은 벽이다. 실제로 그것 때문에 고심하는 사람들이 있다.

애니멀 커뮤니케이션을 배우기 위해 동물학교에서 하는 애니멀 커뮤니케이션 교실에 참가한 어떤 사람은, 애니멀 커뮤니케이션을 위해서는 명상을 배울 필요가 있다는 말을 들었다. 그래서 그 고지식한 학생은 실제로 집에 명상을 위한 방을 만들었다!

방의 한쪽 벽을 마음을 안정시켜주는 연보라색으로 칠하고, 거품이 보글보글 나오는 작은 분수를 설치하고, 향을 피우고, 인간공학을 바탕으로 디자인된 편안한 의자를 준비했다. 이것으로 명상을 시작하기 위한 준비는 갖춰진 셈–.

그런데 유감스럽게도 그의 열성에 걸맞는 결과가 따라주지 않았다. 편안한 방에 앉아서 마음을 안정시켜 주는 소리와 향기 속에 있음에도, 그의 머릿속에 메아리치는 끊임없는 이야기를 중단시키는 것은 불가능했다.

그의 머릿속에서는 다음과 같은 대화가 되풀이되었다.

강아지와 대화를 나누는 방법

PART 4 동물들의 메시지에 귀를 기울이자

—됐어, 이젠 마음을 가라앉히면 돼. 생각하는 것은 중단하고 나 자신에게 말을 거는 것도 안 돼. 아, 사료를 주문했어야 하는데. 쉿, 조용히! 심호흡을 하는 거야……그래그래. 조용히, 차분하게. 시작한 지 얼마나 지났을까? 그렇게 오래 걸리지는 않겠지? 자, 조용히 하자. 생각 안 해, 생각 안할 거야. 이제 생각하면 안 돼. '생각하지 말자'고 생각하는 것을 중단하는 거야. 어떻게 하면 '생각하는 것'을 생각하지 않을 수 있지? 홍차를 한잔 마시는 건 어떨까? 그래, 좋은 생각인 것 같아. 나중에 다시 명상하러 돌아오면 되지—.

이런 상태가 몇 달 계속되자 그는 점차 "전 세계에서 수백만 명이나 되는 사람들이 명상을 하고 있다는데 왜 나는 안되는 거야!" 하고 자기 자신을 책망하게 된다. 그야말로 하마터면 애니멀 커뮤니케이션을 배우는 것을 포기할 뻔했지만, 그 안의 무언가가 그것을 저지해 준다. 명상보다 더욱 간단하게 할 수 있는 좋은 방법이 있을 거라는 목소리가 머릿속에서 들려온다.

6 명상 말고 다른 방법은?

문제는 명상뿐만이 아니다. 학생시절이나 취업한 뒤 그가 습득한 공부방법도 애니멀 커뮤니케이션에는 도움이 되지 않는다. 동물과의 커뮤니케이션에서는 머리를 사용하지 않는다고 했다. 즉 지금까지 학교와 직장에서 해온 것처럼 '머리를 사용하여' 애니멀 커뮤니케이션의 테크닉을 배울 수는 없다.

그 결과 그는 스스로 애니멀 커뮤니케이션의 공부 방법을 만들어냈다. 그는 그 방법을 '프로세스 오리엔티드 어프로치(순서대로 나아가는 방법)'이라고 부른다. 명상으로 머릿속을 비울 수 없는 사람도 '이 절차를 밟으면 머릿속의 이야기를 조용히 잠재울 수 있는' 기술이다. 중점은 자신은 지금 자신의 내부에 있는 조용한 장소에 가는 중이라고, 자기 자신의 뇌에게 믿게 하는 것이다.

안전운행으로 천천히 달리는 제트코스터를 타고 있을 때를 상상해 보라. 그것은 천천히 달리면서 경사를 오르내리고, 나선형으로 빙글빙글 돌기도 하고, 크게 회전도 한다. 그런데 이것은 앉아 있는 것만으로도 최종지점(하트 스페이스)까지 데려가 주므로, 당신은 긴장을 풀고 상황을 즐기면 된다. 스스로 생각할 필요가 없다. 다만, 이 책에 소개되어 있는 테크닉과 그 절차를 신뢰하고 흐름에 몸을 맡기기만 하면 된다.

독일 푸들포인터

PART 5
서로를 이해하는 기본과 그 실천방법

1 애니멀 커뮤니케이션을 시작하기 전에
● 이야기하기보다는 들어줄 것

보통 사람들은 동물들에게 여러가지 말을 건다. 그것은 "아이, 귀여워"라는 칭찬의 말이거나, "이래서도 안 돼, 저래서도 안 돼"하는 주의 등 다양하다.

그러나 그런 말의 대부분은 사람이 동물에 대해 가지는 느낌이나 사람 자신에게 내리는 편리한 명령에 지나지 않는다. 대부분의 사람들이 동물과의 관계에서 자신의 생각을 이야기하는 것에만 치중하여 일방적인 커뮤니케이션에만 시간을 들이고 있다.

다시 생각해보자. 자신의 감정과 생각을 표현하는 것보다, 먼저 동물의 마음을 받아들이려고 한 적이 얼마나 있었는가? 그들의 마음을 듣기보다 자신의 마음을 표현하는 일이 압도적으로 많다는 것을 깨닫게 될 것이다.

그래도 그들은 끊임없이 당신에게 말을 걸어오고 있다. 다만 사람들이 그 말을 이해하지 못할 뿐이다. 그들이 전하고 있는 것은 하잘 것 없는 이야기에서, 자신이 주인을 얼마나 사랑하고 있는가 하는 깊은 마음 등, 참으로 다양하다.

당신이 아무리 들어주지 않아도 그들은 결코 포기하지 않는다. 자신이 사랑하는 주인은 언젠가 반드시 자신의 마음을 이해해 줄 거라고 마음속 깊이 믿고 있기 때문이다.

먼저 그들의 마음을 귀기울여 들어주기 바란다. 말을 걸기 전에 "네 마음을 애기해 줘." 하고 그들에게 말해보자. 처음에는 이해하지 못해도 좋다. 다만 그들의 마음에 다가서는 것, 함께 시간을 보내는 것이 중요하며, 침묵 속에 마음과 마음을 나누다 보면 언젠가 깨달을 때가 있을 것이다.

네 마음을 들려다오, 네 마음을 알고 싶어, 그들은 무엇보다 그런 당신의 마음을 기뻐한다.

● 소리 내어 말을 거는 중요성

동물들은 마음의 언어로 말을 걸어오지만, 사람과 사람이 대화하는 것처럼 직접 그들에게 말을 걸어서 반응을 보는 것이 좋다. 사람을 대할 때나 동물을 대할 때나 모든 생명에 대한 존엄성을 가져야 하는 것은 마찬가지이다.

마음을 담아 성실하게 말을 걸었을 때, 그들은 기뻐하며 눈동자를 별처럼 빛내면서 소중한 비밀을 털어놓는다. 동물들이 사람의 말에 응답하면서 진지한 눈길로 바라보는 모습은 우리가 친구에게 소중한 생각을 전하는 모습과 다를 것이 하나도 없다.

흔히 "말하지 않아도 알지?" 하면서 상대에게 말로 표현하지 않는 사람이 있는데, 직접 말을 듣는 편이 기쁜 건 더 말할 것도 없다. "사랑해." "넌 보물 1호야." "넌 정말 사랑스러워." 그렇게 주인이 행복에 젖은 목소리로 전하는 말은 그들의 마음에 즐거운 음악처럼 울려 퍼진다.

소리 내어 말을 거는 데는 중요한 의미가 있다. 동물은 우리 입술에서 나온 목소리와 말의 파동을 온몸으로 느낀다. 그래서 이너 커뮤니케이션(내면의 대화)만으로 전했을 때보다 그 소리의 울림은 더욱 힘차고 확실하게 그들에게 전달되어 이해하기 쉬워진다. 소리라기보다 현실적인 표현의 옷을 입은 마음속 목소리가 그들의 마음에 직접 닿아 메아리치듯 울려 퍼지기 때문이다. '사랑한다'는 생각은 텔레파시를 통해서도 분위기로 전해지지만, 거기에 목소리로 표현이 더해지면 더욱 직접적으로 확실하게 그들의 마음에 가닿는다.

그들은 '사랑해' 하는 한국어를 이해하는 것이 아니라, 그 말의 파동이 지닌 사랑의 울림과, 따뜻하고 행복한 색깔과 이미지를 느낀다. 그래서 그들은 우리가 진심으로 그런 말을 하고 있는 건지, 아니면 입에 발린 소리인지 쉽게 속마음을 알아차리는 것이다.

그들 앞에서 우리는 겸허하고 성실하게, 있는 그대로의 자신을 드러내는 수밖에 없다.

익숙해지면 그들과의 대화는 이너 커뮤니케이션만으로도 할 수

있게 된다. 그러나 실제로 말을 거는 편이 더욱 확실하게 그들의 관심을 끌 수 있다. 그들의 얼굴을 마주 보면서 말을 할 때 그들은 당신이 전하고자 하는 것을 매우 열심히 들으려고 한다.

● 메시지를 보내는 방법

다음과 같은 훈련을 해보기로 한다. 지금 기르는 동물에게 마치 그 동물이 당신 말을 완전히 이해할 수 있다는 듯 소리 내어 말해 보기로 한다.

이 실험을 할 때는 마음속의 의심을 버리고 아이처럼 순수한 호기심을 가져야 한다. 앞으로 무슨 일이 일어날지 알아보기 위해 이러한 실험을 하는 것이다. 2주 동안 동물에게 큰 소리로 이야기하도록 한다. 당신이 사물에 대해 느끼는 감정, 하루를 어떻게 보냈는지 같은 것에 대해 마치 사람과 대화를 하듯 말해 본다. 동물이 당신을 귀찮게 한다면 행동을 바꾸어달라고 다정하게 말해 보자.

또한 동물에게 바라는 것이 있다면 역시 사람에게 하듯 예의 바르게 부탁해 본다. 또는 "네가 내 부탁을 들어주면 내가 네게 이것을 줄게"라는 식으로 동물과 협상을 해 본다. 이때 협상에서 지지 않도록 조심해야 한다.

이때 동물이 보이는 행동 변화를 모두 기록해 두자. 동물이 당신의 부탁에 대답한다면 충분한 칭찬과 반응을 보여준다. 이 역시 사람에게 하듯 소리 내어 말한다.

이 훈련을 해본 사람들은 대체로 효과가 매우 좋으며, 이로 인해 동물을 대하는 방법이 완전히 바뀌었다고 말한다. 적어도 이사 등 어떤 일을 벌일 계획이라면 그 일로 인해 상황이 많이 바뀔 것이며 그 과정에서 동물이 스트레스를 받을 만한 일이 일어날지도 모른다고 소리 내어 말해 주기 바란다. 이것은 동물에게 다가오는 변화에 주의를 기울이고 적응할 기회를 만들어주는 것이다. 동물도 사람과 마찬가지로 어떤 일이 일어나기 전에 미리 귀띔 받는 것을 좋아하기 때문이다.

● 메시지를 받는 방법

여기서 재미있는 것은 훤히 아는 동물보다 잘 모르는 동물에게 직관적으로 메시지를 받기가 더 쉽다는 일이다. 자신이 기르는 동물에 대해서는 이미 많은 것을 알고 있으므로 동물에게 메시지를 받고서도 자신이 그 정보를 만들어냈다고 생각할 수도 있다.

이러한 약점을 줄이려면 다음과 같은 훈련을 해보기로 한다. 동물에게 물어본다. "나한테 물어볼 게 있니?" 만일 어떤 질문이 머릿속에 떠오른다면 성심성의껏 대답해 준다. 소리 내어 말해도 좋고 텔레파시로 보내도 좋다. 동물이 질문을 그칠 때까지 계속해서 대답해 주도록 한다.

이때 주의할 것은 머릿속에 떠오르는 질문에 대해 의문을 품지 말아야 한다. 동물이 당신에게 묻고 있는 질문이라고 생각하자. 질문과 대답을 주고받는 데 성공하면 당신은 이제 마음속의 비판적 시선을 거두고 동물과 직관적으로 커뮤니케이션한다는 것이 무슨 의미인지 알 수 있을 것이다. 또는 동물이 고른 주제에 대해 당신이 동물과 두서없이 토론을 벌이다 대화가 끝날 수도 있는데, 그것

또한 이 훈련의 목표이다. 만일 동물이 질문을 하지 않거나 동물에게서 아무런 메시지도 받지 못했다면 그대로 내버려두고 다음에 다시 물어보겠다고 말해 두자.

● 어떻게 동물의 목소리를 들을 수 있는가

동물들은 당연히 한국말로 말하는 것이 아니다. 그들의 목소리는 귀로 듣는 것이 아니라 마음으로 느낀다. 알기 쉽게 말하면, 그 동물의 생각과 마음이 내 마음에 직접 전해져 오는 것이다. 동물의 마음은 대부분 영감으로 느껴지거나, 텔레파시처럼 이너 커뮤니케이션이라는 마음의 대화를 통해 전달된다.

그런데 앞에서 말한 골드레트리버의 목소리는 마음이 아니라 귀로 들은 보기 드문 경우다. 아마 전하고 싶은 생각이 간절하면 더욱 확실한 전달방법을 택하는 것 같다. 사실 동물과의 대화는 대부분 마음으로 느끼는 이너 커뮤니케이션이나 영감이고, 아주 드물게 그들의 생각이 실제로 목소리가 되어 귀에 들리는 형태를 취할 뿐이다.

동물의 표정과 움직임을 전혀 보지 않고, 다만 동물의 마음을 상상하거나 영감에만 의지하는 커뮤니케이션은 착각과 오해가 많다.

눈앞에 있는 동물에게 왜 직접 대답을 듣지 않는 것일까? 사람들은 왜 동물은 말을 할 수 없다고 단정하는 것인지 이해할 수가 없다. 생명은 다 똑같고, 같은 시선으로 서로 이야기를 나눌 수 있다는 것이 지금까지의 수많은 경험에서 나온 신념이다.

애니멀 커뮤니케이션은 신기한 세상에서 흘러나온 초능력이 아니다. 애니멀 커뮤니케이션은 실증을 바탕으로 더욱더 과학적으로 실천되어야 하며, 현재까지 확립된 선인들의 동물 연구와 학문도 존중해야 할 것이다.

2 하트 스페이스로의 여행

당신이 이 책에서 처음 배우는 테크닉은 '하트 스페이스로의 여행'이다. 이것은 머릿속에서 하트 스페이스로 당신을 데려가 주는 테크닉이다. 이 테크닉을 연습할 때는 다음의 두 가지를 참고해주기 바란다.

1 하나하나의 순서를 잘 이해하고 아무것도 보지 않고 말하지 않게 될 때까지 이 테크닉의 방법을 여러 번 되풀이하여 읽는다.
2 스스로(또는 타인에게 부탁해도 상관없다) 그 순서를 읽고, 그것을 비디오로 촬영하거나 녹음하자. 자신이 좋아하는 배경음악을 넣어도 좋다. 이를테면 창문을 두드리며 떨어지는 빗소리나 해변을 씻어내는 파도 같이 마음을 편안하게 해주는 소리가 흘러나오면 더 좋다. 하지만 그것을 반드시 넣어야만 하는 것은 아니다.

※ 도중에 '(그대로 몇 초 동안 유지)'라는 지문이 들어간다. 거기서는 지정된 시간만큼 사이를 둔 뒤 다음 순서로 나아간다.
당신이 어떤 방법으로 연습하든 꼭 기억해야 하는 것은, 그 순서

강아지와 대화를 나누는 방법

가 자연히 몸에 밸 때까지 시간을 충분히 들여야 한다는 것이다. 사람에 따라 몸에 밸 때까지 걸리는 시간은 다양한데, 매일 10분만이라도 꾸준히 연습하는 것이 중요하다.

이제 시작하자. 우선 하트 스페이스로 여행하는 순서를 읽는다. 그런 다음, 그 뒤에 씌어있는 테크닉을 터득한다. '포인트'를 훑어보자.

실제로 연습할 때는 가능하면 외부의 방해가 들어오지 않는 조용한 장소를 선택한다. 라디오와 TV를 끄는 것은 물론, 휴대전화의 전원도 잠시 꺼두기를 권한다.

테크닉1 하트 스페이스로의 여행

▶ 먼저 자신에게 가장 편안한 자세를 찾는다. 누워도 좋고, 앉은 상태라도 상관없다. 신체가 완전히 릴랙스할 수 있는 자세를 취한다.

▶ 편안한 자세를 취했으면 스르르 눈을 감는다. 당신은 이제부터 자신의 의식을 머릿속에서 분리하여 하트 스페이스로 옮겨가게 된다.

▶ 상상한다. 당신의 머릿속에는 엘리베이터가 있다. 방금 당신은 그 엘리베이터를 탔고, 눈앞에는 닫힌 문이 있다.

▶ 안심하고 긴장을 푼다. 엘리베이터가 천천히 내려간다. 그와 동시에 당신은 자신의 머릿속에서 빠져나가 머릿속을 가득 채우

고 있는 시끄러운 '이야기'와 '생각'에서 멀리 멀리 떠나간다.

▶ 위에서 아래로, 목을 지나 어깨를 통과하고, 가슴 속으로 들어가서 마지막으로 심장이 있는 곳에서 정지한다. 정확한 심장의 위치를 몰라도 상관없다. 대략적인 장소를 상상하면 된다.

▶ 자, 당신 눈앞에서 엘리베이터 문이 열렸다. 이제 자신의 하트 스페이스로 한 걸음 내딛어 보자.

▶ 이곳은 매우 조용한 장소이다. 안정감과 정적이 당신을 감싸고 있다.

▶ 지금 당신의 의식은 바로 심장이 있는 곳에 있다. 이제는 당신의 심장 고동을 들어보기 바란다. 심장이 규칙적으로 두근두근 뛰는 고동을 들어본다.

(그대로 몇 초 동안 유지)

▶ 심장이 만들어내는 리듬을 느껴본다.

(그대로 몇 초 동안 유지)

▶ 호흡에 집중한다. 마시고, 내쉬고.

(그대로 몇 초 동안 유지)

▶ 숨을 내쉬면서 당신 속에 있는 긴장감을 호흡과 함께 전부 토해낸다.

▶ 다시 심장에 의식을 집중한다. 심장으로 호흡하는 것을 상상한다.

▶ 심장을 사용하여 숨을 마시고, 내쉴 때도 심장을 사용한다.

(그대로 30초 동안 유지)

▶ 어떤 느낌이 드는가? 이 장소—하트 스페이스라는 특별한 장소

가 주는 안도감을 느껴보자.

▶ 심장을 사용하여 호흡할 때, 자신만의 장소인 하트 스페이스에 생명을 불어넣는 것을 상상한다.

▶ 다음에 당신이 조용하고 아름답다고 생각하는 장소를 상상한다. 현실속의 장소도 좋고, 상상속의 장소나 그 양쪽을 합친

장소도 상관없다.

▶ 당신이 상상하고 있는 것은 해변일까, 아니면 숲이나 산속에 있는 목장일까?

▶ 당장 그 장소에 가보자.

(그대로 30초 동안 유지)

▶ 주위를 둘러본다. 어떤 색깔이 눈에 들어오는가? 어떤 소리가 들려오고 있는가?

▶ 심장으로 호흡하는 것을 잊어서는 안 된다.

▶ 이 신성한 장소에서는 어떤 향기가 나는가?

▶ 주위를 약간 거닐어본다. 앉아서 잠시 쉴 수 있는 장소를 찾는 것도 좋다.

(그대로 1분~1분 30초 동안 유지)

▶ 당신을 향해 한 마리의 동물이 달려온다.

▶ 그 동물은 당신이 알고 있는 동물인가? 전에 함께 있었던 적이 있는 동물인가? 어쩌면 전혀 모르는 동물일 수도 있고 야생동물일 가능성도 있다. 어떤 동물이든 그것이 '지금 당신과 함께 있을 필요가 있는 동물'이다.

▶ 아직은 만나고 싶은 동물을 선택해서는 안 된다. 그냥 당신에게 다가오는 동물을 조용히 받아들인다.

▶ 그 동물이 당신에게 가까이 올 때까지 지켜보자. 편안하게 기쁨을 나타내면서.

(그대로 몇 초 동안 유지)

▶ 지금 그 동물은 당신 앞에 도착했다. 그 동물을 잘 관찰한다.

강아지와 대화를 나누는 방법

▶ 당신과 함께 있는 것을 그 동물은 어떻게 느끼고 있을지 상상 해 보자.
▶ 그 동물도 당신과 함께 심장을 사용하여 호흡하고 있는 것이 느껴지는가?
(그대로 몇 초 동안 유지)
▶ 그 동물과의 마음의 거리를 느껴본다. 인연이나 유대 같은 것이 느껴지는가?
▶ 거기에 존재하는 사랑을 느껴본다. 함께 있다는 감각을 즐긴다.
(그대로 몇 초 동안 유지)
▶ 그 동물이 당신에게 뭔가를 전하고 싶어 하지 않는가?
▶ 아무것도 없는 경우도 있지만, 당신에 대한 메시지를 가지고 있는 일도 있다. 아무것도 전해오지 않아도 이 특별한 시간과 공간을 나누고 있다는 사실이 얼마나 행복한 일인지를 잊지 않기를 바란다.
(그대로 20초 동안 유지)
▶ 이번에는 당신의 메시지를 상대에게 전하자. 이 기회를 마음껏 사용하기 바란다.
(원하는 만큼 시간을 유지한다)
▶ 이제 그 동물에게 와준 것에 대해 감사의 마음을 전한다.
▶ 마지막으로 '안녕'하고 인사한다.
▶ 누군가와 특별한 커뮤니케이션을 하고 싶을 때는 언제라도 하트 스페이스로 돌아가면 된다. 이것을 기억해 둔다.

▶ 심장을 사용하여 호흡하는 것이 어떤 느낌이었는지 잊지 말자.

▶ 숨을 마시거나 내쉴 때 폐가 만들어내는 리듬을 잊지 않는다.

▶ 이 신성한 하트 스페이스에 있으면 어떤 느낌이 드는지 확실하게 기억해둔다.

(그대로 몇 초 동안 유지)

▶ 이제 됐다고 생각되면 다시 엘리베이터를 탄다.

▶ 하트 스페이스를 떠나 위로 올라가서 머릿속으로 돌아간다.

▶ 원래의 장소로 돌아오면 천천히 눈을 뜬다.

▶ 서두르지 않아도 된다. 천천히 시간을 들이기 바란다.

● **포인트**

• 이 테크닉의 연습은 가능한 한 여러 번 되풀이한다.

• 실제로 동물과 커뮤니케이션을 하는 연습에 들어가기 전에 이 테크닉을 몸에 길들여두는 것이 중요하다.

• 애니멀 커뮤니케이션에서는 이 하트 스페이스로의 여행을 이용하여 자신이 하트 스페이스에 가서 이야기를 하고 싶은 동물을 부른다. 이 테크닉이 얼마나 몸에 배어 있는가가 성공의 열쇠가 된다.

● **하트 스페이스 여행의 효과**

우리의 뇌는 '실제로 무엇을 하는 것'과 '무엇을 한다고 상상하는 것'의 차이를 느끼지 못한다. 그것은 과학적으로도 증명되어 있는 사실이다. 1970년대 이후, 테니스와 골프 등의 스포츠선수, 강연

등, 많은 사람들 앞에서 얘기하는 사람, 배우, 그밖에 '확실하게 좋은 결과를 내고' 싶어 하는 사람들 사이에서 주목을 받아온 '이미지 트레이닝'은 당신도 들은 적이 있을 것이다. 이렇게 머릿속에서 이미지를 만들어내는 것을 신경언어 프로그래밍(Neuro-Linguistic Programming), 줄여서 NLP라고 하는데, 하트스페이스로의 여행에는 이 NLP의 요소가 많이 들어 있다.

이 NLP를 이용하여 뇌를 속이고, 머릿속이 마치 어딘가 다른 장소(하트 스페이스)인 것처럼 믿게 하는 데 성공할 수 있다. 자신이 있는 곳은 머릿속이 아니라 어딘가 조용한 장소라고 뇌가 인식하면, 머릿속의 시끄러운 말도 조용해지게 할 수 있다.

단, 뇌와 신경조직이 스스로 그 조용한 장소에 있다고 믿고 느껴주지 않으면 의미가 없다. 그 때문에 하트 스페이스를 상세히 묘사할 수 있는 상당히 자세한 정보를 준비할 필요가 있다.

그럼 과연 어떤 정보를 준비하면 될까? 예를 들면 다음과 같은 것이 있다.

이것은 강원도 중부의 실제로 있는 장소에 자신의 이미지를 몇 가지 조합한 것이다.

엘리베이터 문이 열리면, 눈앞에 드넓은 목장이 펼쳐져 있고, 당신은 그 풀밭 위에 내려선다. 저 멀리 수백 년 전에 쌓은 작은 돌담이 보인다. 그 돌담은 회갈색 돌로 되어 있고 햇빛을 받아 반짝이고 있다. 그 돌담을 향해 걸어가면 푸르디 푸른 목초 사이로 눈

부신 들꽃이 하늘거린다. 꽃향기를 실은 산들바람이 보드라운 뺨을 어루만지고, 꽃 주위를 벌이 날아다니며 붕붕 날갯짓하는 소리도 들려온다. 때마침 머리 위로 새가 지저귀면서 호로록 날아간다.

한 걸음 나아갈 때마다, 바지자락이 풀과 스치면서 사각사각 소리를 낸다. 왼쪽에는 키 큰 나무가 한 줄로 늘어서 있고, 오른쪽은 저 끝까지 목장이 이어져 있다.

좀 더 나아가면 졸졸졸 흐르는 시냇가에 도착하는데, 밑바닥에는 둥근 돌이 옹기종기 깔려 있고 그 돌 주위를 흘러가는 시냇물의 속삭임도 들려온다.

오른쪽 앞으로 눈을 돌리면, 오래 세월 풍파를 견뎌온 느티나무가 풀밭에 그림자를 드리우고 있다. 그 장소에서는 눈에 들어오는 색채마다 무척 선명하고, 등에 내려쬐는 햇살이 너무나 기분 좋다. 조금 전의 느티나무가 있는 곳까지 걸어가서 나무 밑동에 앉아 그 딱딱한 나무줄기에 등을 기댄다.

그곳은 당신을 안정시켜주는 아주 조용한 장소이다. 바로 그 장소에서, 당신은 대화를 하고 싶은 동물들을 불러서 이야기를 나누는 것이다.

이제 당신이 당신 자신의 하트 스페이스를 만들 차례이다.

하트 스페이스를 만들 때는 다음의 다섯 가지에 주의한다.

▶ 파도소리, 새 지저귀는 소리, 나뭇잎 스치는 소리, 벌레의 날갯짓 소리 등이 들릴 것

▶ 바람이나 햇빛의 감촉, 풀을 밟으면서 걸을 때의 감촉, 차갑고 단단한 바위의 감촉 등을 알 수 있을 것

▶ 밝고 컬러풀한 경치, 선명하고 확실한 이미지일 것

▶ 자신의 시각에서 하트 스페이스의 경치를 바라볼 것
(영화의 스크린과 TV에 비치고 있는 자신을 객관적으로 보는 상황은 별로 좋지 않다)

▶ 동물들과 대화할 때 앉을 수 있는 장소를 준비할 것
(이를테면 통나무와 바위, 의자, 벤치, 마룻바닥, 모래나 풀밭 등이 좋을 것이다)

처음에 만든 환경에 익숙해지면, 더욱 쾌적해지도록 세트 분위기에 수정을 가하는 것도 좋다. 이따금 하트 스페이스의 장소를 바꿔보는 것도 그 하나이다.

처음에 만든 세트가 해안이었다고 치자. 당신에게 그 해안은 시간이 지나는 동안 더 이상 마음이 안정되는 장소가 아니게 될지도 모른다. 그렇게 되면 이번에는 숲과 그 밖의 장소에 세트를 만들어보자.

다만, 하트 스페이스를 너무 자주 바꾸는 것은 생각할 문제이다. 그 때마다 오랜 시간을 들여 영화 세트를 뚝딱뚝딱 다시 짓는 것은 여간 큰 작업이 아닐 테니까.

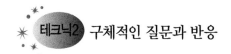

1단계 동물에게 자기소개와 인사를 한 뒤 커뮤니케이션의 허락을 청한다.

● 인사

인사, 자기소개를 하고 커뮤니케이션을 해도 좋은지 확인하자!

사람은 누구나 처음 만나는 사람에게 자기소개를 한다. 그것은 최소한의 매너로, 동물에 대해서도 마찬가지이다. 갑자기 말을 걸면 불신감을 품을 수 있지만, 인사를 하고 자신이 누구인지 알리면 그들은 안심하고 마음을 열어준다. 자신이 키우고 있는 동물이라면 '네 속마음을 이해하고 더욱 사이좋게 지낼 수 있도록 커뮤니케이션하고 싶다'는 마음을 조심스레 전해주면 된다.

● 커뮤니케이션의 허락을 얻는다

이쪽에서 일방적으로 커뮤니케이션을 강요하는 것이 아니라, 반드시 커뮤니케이션을 해도 되는지 묻고 상대방의 허락을 받은 뒤에 시작한다.

동물이든 사람이든 커뮤니케이션하는 타이밍이 중요하다. 상대가 졸음이 오거나 기분이 내키지 않을 때는 아무리 대화를 하려 해도 어렵기 때문에, 상대의 기분이 좋고 안정되어 있을 때 시도하기 바란다. 만족하고 있을 때는 할 말이 없어서 말하고 싶지 않은 경우도 있고, 반대로 동물들의 생각이 절실하면 절실할수록 이야깃거리가 산더미같이 쌓여서 그들의 마음과 이어지기 쉽다.

당신 자신이 초조하거나 지쳐 있을 때는 부정적이 되기 쉬우므로, 먼저 자신부터 느긋하고 편안한 마음을 가지는 것이 중요하다. 그럴 때는 동물에게 자신의 기분을 솔직하게 말하고, 느긋하게 시간을 함께 보냄으로써, 그것이 나중에 하게 될 커뮤니케이션으로 자연스럽게 이어질 수 있다.

● 커뮤니케이션을 하기에 적당하지 않은 때

· 배가 고플 때
· 졸릴 때
· 진정한 대화가 아니라 막연히 놀고 싶을 때
· 산책하고 싶을 때
· 피곤할 때
· 기분이 초조해서 부정적이 되기 쉬울 때

2단계 동물의 행동관찰과 영감을 통해 마음을 느낀다.

동물의 행동관찰과 영감을 통해 마음을 읽자.

먼저 좋은 인상을 느끼는 데서 시작한다. 좋은 점부터 눈을 뜨기 시작하면 당신 자신은 물론이고 동물도 마음이 열려 영감 능력이 훨씬 더 높아진다. 결론을 서둘러 읽으려 하면 힘이 너무 들어가서 동물의 마음과 이어지기가 어렵다. 시작은 편안하게 즐기면서 동물의 좋은 인상을 느끼도록 하자.

● **행동과 표정을 관찰할 때의 포인트**

동물의 기분은 표정과 움직임, 신체의 컨디션에 나타나 있다. 동물의 컨디션을 관찰하는 동안 영감이 퐁퐁 솟아난다.

①응시하지 않는다, 눈을 쳐다보지 않는다

눈에는 강한 에너지가 있어서 갑자기 눈을 응시하면 상대는 마음이 불편해진다. 동물은 시선을 통해 서로의 힘관계를 알아본다. 응시하는 것은 되도록 피하고 느긋하게 관찰하자. 동물이 이쪽을 응시할 때는 그 시선을 다정하게 받아들인다. 그럴 때는 눈으로 뭔가를 호소하고 있는 것이다.

②갑자기 만지지 않는다

갑자기 만지면 불쾌하게 생각하는 동물도 있다. 커뮤니케이션을 할 때와 스킨십을 할 때를 구분하는 것이 중요하다. 당신이 다른 사람에게 중요한 이야기를 할 때, 거기에 어울리는 태도를 취하는 것과 마찬가지이다. 함부로 쓰다듬거나 만지면, 커뮤니케이션에 포커스를 맞추고 있던 의식이 그 만지는 촉감으로 향하고 만다. 동물이 접촉해 오는 건 상관없지만, 커뮤니케이션할 때는 집중하기 위해서도 함부로 만지지 않는 것을 권한다.

③너무 가까이 가지 않는다

우리 인간도 포함하여 동물들에게는 에너지 영역이 있고, 거기에 들어가기 위해서는 허락이 필요하다. 동물의 에너지의 장을 존중하고 지켜줌으로써 그들을 안심시킬 수 있다.

④갑자기 움직이거나 큰 소리를 내지 않는다

동물에게 있어서 예기치 않은 움직임은 위험과 같으며, 특히 뒤쪽에 있는 그림자를 갑자기 보면 무척 두려워한다. 토끼 같은 작은 동물은 매, 독수리의 맹금류가 하늘을 날 때 던져진 짙은 그림자에 본능적으로 겁을 먹는다. 개와 고양이 같은 애완동물도 사람이나 그림자가 갑자기 뒤에서 움직이면 순간 오싹할 만큼 공포를 느낀다. 움직일 때는 미리 이제부터 무엇을 할 건지 목소리로 설명한 뒤, 천천히 움직인다.

3단계 상대의 마음을 열고 커뮤니케이션을 원활하게 하기 위해, 먼저 그 동물의 뛰어난 점, 좋은 점을 말해본다.

상대의 마음을 열고 커뮤니케이션을 더욱 원활하게 하기 위해 먼저 그 동물의 뛰어난 점, 좋은 점을 칭찬하자. 그들의 아름다움, 강함, 훌륭한 마음씨 등, 생각할 수 있는 최고의 찬사를 동물에게 전함으로써 커뮤니케이션의 라인이 쭈욱 이어진다.

강아지와 대화를 나누는 방법

●**포인트**

• 외모를 칭찬해준다.

　(사랑스러움, 귀여움, 강인함 등)

• 성격과 훌륭한 정신을 칭찬한다.

　(용감함, 강인함, 상냥함, 배려, 밝음, 현명함, 성실성, 충성심 등)

4단계 마음에 걸리는 인상을 실제로 질문하여 반응을 살펴본다. 동물의 반응을 보면서 확인하고, 그들이 가장 전하고 싶어 하는 것의 범위를 좁혀간다.

　마음에 걸리는 인상이란, 곧 동물이 전하고 싶어 하고 묻고 싶어 하는 것을 말한다. 그런 것은 외로워 보이는 모습이나 불안해하는 기색 등, 얼핏 부정적인 인상으로 나타난다. 긍정적이고 좋은 인상에서도 전하고 싶은 것은 드러나지만, 마음에 걸리는 인상이 더욱 확실한 표현이며, 동물이 진심으로 말하고 싶어 하는 것과 희망을 느낄 수 있는 단서가 된다.

　마음에 걸리는 인상이 느껴지면, 다음에는 실제로 그것을 동물에게 질문하여 반응을 살펴보자. 이를테면 '외로워 보인다'고 느끼면 "외롭니?" 하고 소리 내어 물어보는 것이다.

　①상대가 Yes나 No로 대답할 수 있도록 쉬운 질문을 한다
　좋은 예
　"너 외롭니?"
　나쁜 예
　"넌 빈집을 지키는 건 심심해서 싫고, 산책하러 더 자주 나가달라는 거니? 아니면 더 놀고 싶은 거니?"

　●**주의할 점**
▶ 거듭 질문해서는 안 된다. 그들이 대답하기 전에 이것저것 한꺼번에 질문하면, 동물은 도대체 어느 질문에 대답해야 할지 몰라 혼란에 빠지고 만다. 그들의 호흡과 타이밍을 보고 물어보자.
▶ "~인 거지?" "~일 거야" 하는 단정적인 말을 사용하지 말 것.

　②잠시 반응을 관찰한다
　천천히 상대의 대답을 기다리자. 만약 시간이 지나도 반응이 없으면, 다시 한 번 물어보거나 말의 뉘앙스를 바꿔보자. 잠깐 반응을 보고 이내 아니라고 판단하여 완전히 다른 질문으로 넘어가면

강아지와 대화를 나누는 방법

상대는 혼란에 빠져버린다. 소중한 비밀은 사람도 동물도 좀처럼 입 밖에 꺼내기 어려운 법이다. 질문에 금방 대답하는 적극적인 녀석도 있는가 하면, 내성적이어서 좀처럼 말을 하지 못하는 녀석도 있다. 그들이 말해줄 때까지 천천히 기다려 주는 것이 중요하다.

• 반응을 관찰하고 확인하는 방법

대답이 Yes일 때

신체의 어딘가를 확실하게 한 번 움직인다. 기분이 좋아 보인다. 가까이 다가온다.

예 · 눈을 한 번 감았다가 뜬다

　· 귀를 살짝 한 번 움직인다

　· 꼬리를 찰싹 한 번 움직인다(기쁜 듯이 꼬리를 흔든다)

　· 고개를 한 번 끄덕인다 등

대답이 No일 때

신체의 어딘가를 여러 번 움직인다. 고개를 돌린다. 불안해한다.

예 · 고개를 흔든다

　· 몇 번이고 몸을 긁는다

　· 눈을 여러 번 깜박거린다

어느 쪽도 아니거나 생각하고 있을 때

말을 하고 싶어도 말할 수 없을 때와 어느 쪽도 아닐 때는 움직임이 약간 부자연스럽게 정지한다.

예 · 먼산을 보듯 허공을 쳐다본다
　　· 골똘히 생각에 잠긴 듯한 표정을 짓는다

5단계 느낀 것에 대해 생각해보고 동물을 치유할 메시지를 건
넨다.

실제로 확인한 동물의 마음에 대해 당신의 생각을 전한다. 그런
다음 해결해야 하는 것과 동물이 더욱 행복해지려면 어떻게 해야
하는지 말한다.

주저하지 말고 치유의 말(메시지)을 전하자!

메시지는 그 동물에게 가장 필요한 치유의 말이다. 그 녀석이 진
심으로 원하는 것을 깊은 영혼 속에서 이해할 수 있도록 마음을
울려 직접적으로 전하는 말이다. 그 말을 전함으로써 상처받았던
동물은 마음이 치유되고 기쁨으로 채워지게 된다.

강아지와 대화를 나누는 방법

커뮤니케이션에 응해준 것에 대해 감사하고 쓰다듬으며 칭찬한다.

커뮤니케이션에 응해준 데 대해 감사를 표하는 것은 중요한 에 티켓이다. 감사의 마음을 전했을 때, 그것이 다음 커뮤니케이션으로 물 흐르듯 이어질 수 있다.

● 애니멀 커뮤니케이션을 진행하는 데 필요한 포인트

①먼저 상대의 뛰어난 점에 주목하고 그것을 전할 것

동물의 마음을 열기 위해서는 먼저 그들의 뛰어난 점을 칭찬하는 것이 매우 중요하다. 자신의 뛰어난 점을 칭찬받은 동물은 당신을 신뢰하고 마음을 연다.

사랑과 칭찬, 존경하는 마음은 의식의 확대를 돕는다. 그들의 뛰어난 자질을 인정할 때, 당신과 동물 사이에 비로소 커뮤니케이션의 라인이 평탄하게 이어진다.

②지금까지의 지식과 체험에 근거한 선입견을 버린다

'우리 집 강아지는 이러니까' '이 녀석은 틀림없이~' 하는 선입견을 싹싹 지워 일단 백지로 하자. 선입견을 가지고 있으면 커뮤니케이션이 한정되어버린다. 자신의 생각이 깨끗하게 비워져야 비로소 상대의 마음을 들을 수 있다.

동물이 처해 있는 상황만으로 '이럴' 거라고 단정해서는 안 된다. 선입견을 갖지 않고 있는 그대로 바라봄으로써 동물의 순수한 마음을 느낄 수 있다.

"~인 거지?" "~일 거야." 하는 단정적인 말을 사용하지 말 것.

③커뮤니케이션을 즐긴다. 너무 심각하게 생각하지 말 것

중요한 것은 유머감각이다. 감정적, 감상적이 되거나 심각해지면 동물도 마음이 무거워진다.

'불쌍하다' '큰일 났군' '내가 구해주지 않으면 안 돼' 등의 감정은 커뮤니케이션을 방해한다.

④자기를 사랑하고 인정하면 상대와의 신뢰관계를 형성하기 쉽다

어떤 사람에게는 자기를 사랑하고 인정하는 것이 매우 어려운 일일 수도 있다. 아무래도 자신의 싫은 점, 부족한 점만 눈에 들어오게 되는 것이다. 그것은 지나치게 '완벽'을 추구하기 때문이다. 우리는 불완전하고 미숙한 존재이다. 자신을 있는 그대로 받아들이고 인정할 수 있는 사람에게는, 동물도 안심하고 두터운 신뢰관계를 만들 수 있다. 동물들도 완전하지 않기 때문이다.

⑤자기 마음의 정확한 상태를 알고, 그 안에서 어떤 상태이든 자기를 인정한다

동물들은 인간의 마음 상태를 민감하게 알아차린다. 그러므로 그들에게 숨기지 말고 자기의 마음을 꾸밈없이 이야기하자. "난 오늘 기분이 몹시 우울하단다." 그렇게 자기의 마음을 솔직하게 말해도 그들은 커뮤니케이션을 거부하지 않는다. 오히려 그렇게 함으로써 그들도 자신의 기분과 고민을 털어놓기 쉬워질 수도 있다.

● **애견의 메시지를 받는 방법&전하는 방법**

• 개의 메시지는 '그냥 느끼는' 것

'그냥'이라는 말은 누구나 한번쯤 사용한 적이 있지 않을까? '그냥 좋다'거나 '그냥 싫다' 등.

"이 강아지, 어쩐지 귀엽다." "이 강아지 귀엽지만 왠지 모르게 내 스타일은 아니야." 이렇게 생각한 적은 없는가? 이것은 어떻게 보면 이성을 선택할 때와 꽤 비슷하다.

그 귀여움이라는 것은 사람에 따라 다르다.

푸들이 가장 귀엽다고 생각하는 사람, 닥스나 치와와가 으뜸이라고 생각하는 사람, 커다란 개가 좋다고 생각하는 사람 등 다양하다.

같은 견종 중에서도 이 녀석이 가장 귀엽다고 직감적으로 느꼈기 때문에 당신은 그 애견과 살고 있는 것이다.

사람에게 의미가 없는 생각과 감각은 결코 발생하지 않는다.

현재의식(顯在意識 ; 평소의 깨어 있는 의식)에서는 '어쩐지 귀엽다'고밖에 인식하지 않지만, 실은 잠재의식에서 그 개를 아주 귀엽다고 생각하거나 느끼는 것이다.

깊은 의식 속에는 그렇게 느끼는 이유가 다 있다. 당신과 애견은 '의미 있는 우연한 만남'의 과정을 거치고 있는 것이다.

잠재의식이 불러일으키는 감각에도 다 이유가 있다. 그것은 현재의식으로는 알 수 없는 일이 많다.

우리는 그 감각을 '그냥'이라는 단순한 말로 표현하고 있다.

인간의 의식은 10% 이하가 현재의식이고 90% 이상은 잠재의식의 영역이다.

즉, 스스로 인식할 수 있는 것은 고작 10% 이하인 셈이다.

"나에 대해서는 누구보다 나 자신이 가장 잘 알고 있다."고 말하는 사람이 있지만, 실은 자신에 대해 제대로 알고 있는 사람은 없다는 이야기가 된다.

심리학자이자 최면요법의 일인자인 크래스너 박사는 '사람은 로봇'이라고 말했다. 로봇은 누군가에게 조작당하고 있다. 그와 마찬가지로 현재의식으로 느끼고 있는 것의 90%이상은 잠재의식에 의한 것이다.

AC를 통해 애견으로부터 메시지를 받았을 때는, 처음에는 '확실하지는 않지만, 어쩐지 그런 느낌'이라고 막연히 생각될 것이다.

경험자에 따라서는 "그저 상상하고 있을 뿐이 아닌가 하는 느낌이 든다"고 말하는 사람도 있다.

이제부터는 잠재의식에서 그렇게 신호를 보내온 거라고 생각하

강아지와 대화를 나누는 방법

기 바란다. 느껴진 것에는 모두 의미가 있다.

처음에는 확실하게 느끼지 않아도 된다. 어쩐지 그런 느낌이 드는 것만으로 충분하다.

그 불투명한 느낌이 애견으로부터 전해온 메시지인 것은 틀림없다.

흔히 이 단계에서 "나의 상상과 착각이 아닐까?" 하고 의심하는 사람이 있지만, 무언가 느낌을 받았다면 AC는 그야말로 성공이다. 그 감각을 신뢰하며 AC를 실행하기 바란다.

처음에는 이미지 놀이를 하는 듯한 느낌이라도 상관없다. 그것을 꾸준히 되풀이함으로써 AC능력은 점점 높아진다.

애견에게 이쪽의 생각을 전하는 방법은 인간끼리의 커뮤니케이션과 다르지 않다.

애견이 생각을 전하고 있을 때는, 맞장구를 치면서 듣는 역할에 충실하기 바란다. 그리고 질문을 받으면 대답해 준다.

먼저 당신부터 애견에게 질문을 해보자. 그런 다음 애견의 메시지를 받고, 마지막으로 당신의 생각을 전하는 것이다.

● 애견이 무슨 생각을 하는지 알아채는 요령

음악을 들으면서 AC를 진행할 때의 요령을 소개하고자 한다.

처음에는 연상게임을 하듯 즐겁게 시작한다. 어린 시절, 못난이 삼형제나 바비 인형, 봉제 인형 등을 가지고 놀지 않았는가? 못난이 삼형제를 마주보게 하고 상상력만으로 서로 대화를 하게 하거나 인형에게 직접 말을 걸기도 하면서 말이다. 사내아이라면 로봇 태권브이와 악당을 싸우게 하면서 혼잣말처럼 중얼거리지 않았던가.

상상력 하나만 있으면 AC는 누구나 할 수 있다.

"응? 상상력이라니, AC는 그저 상상일 뿐이란 말인가?" 하고 입을 삐죽거리는 사람도 있을 것이다.

이 장의 첫머리에서 말한 '그냥'이라는 말을 떠올려주기 바란다.

상상의 많은 부분은 잠재의식에서 그런 상상을 하고 있는 것이다. 상상이라고 하면 '지어낸 것'이라는 이미지가 있지만, 그것은 현재의식(표면의 의식)에서의 해석일 뿐이다.

이렇게 생각해 보기 바란다. 잠재의식은 매우 진실된 마음으로 애견의 메시지를 당신에게 전해주고 있는데, 현재의식은 늘 채찍을 들고 판단과 비판을 하는 게 버릇이라서, 잠재의식에서 보내온 메시지를 "이건 지어낸 걸 거야." "개가 말을 하다니 말이 되는 소리야?" "단순한 상상이겠지." 하고 체념하면서 상식적인 사고로 자꾸 돌아가려고 한다.

상상(잠재의식으로부터의 메시지)을 곧이곧대로 받아들이기 바란다. 아무 의미가 없는 상상이란 없다.

다시 한 번 강조하지만 애견과의 대화는 편안한 분위기에서 시도해야 한다. 처음에는 의도적으로 상상(이미지)의 세계에 들어가서 그 세계에 가능한 한 집중한다.

대화를 유도하면서 이성적인 생각 등이 불쑥 고개를 쳐들지도 모른다. 그래도 상관없다. 그때는 그저 조용히 받아들이고 종이배를 띄우듯 흘려보낸다.

그리고 마음속으로 이렇게 말한다.

"지금은 이 이미지의 세계를 느끼고 싶으니까 나중에 생각하자." 이러한 감각으로 진행하면 된다.

AC는 상상(이미지)이 무척 중요하므로 판단하거나 비판하지 말고, 떠오르는 대로 느껴지는 대로 그저 순순히 받아들기 바란다.

무엇보다 판단과 비판을 피하는 것이 가장 중요한 첫 번째 관문이다.

AC에서 느낀 것에 대해, 마치 자기 자신이 만들어내고 있는 것같아 맥이 빠질 수도 있고, 그렇지 않은 것처럼 느낄 수도 있다. 또는 확실히 애견의 메시지라고 강하게 다가올 수도 있다.

어느 쪽이든 느껴진 것의 대부분은 잠재의식을 통해 애견이 보

내는 메시지라고 받아들이기 바란다.

　그 모든 것은 자신의 정묘한 상태에서 느껴진 것이니 소중히 하기 바란다.

강아지와 대화를 나누는 방법

PART 6
강아지들에게 물어보자

당신은 동물에게 어떤 것을 물어보고 싶은가?

먼저 이 장에서는 흔하고 간단한 질문과, 실제로 질문할 때의 주의점에 대해 말하고자 한다. 동물의 건강과 문제행동에 대한 화제에 대해서는 다음 장에서 소개한다.

1 대화의 흐름을 확인하자

애니멀 커뮤니케이션을 할 때, 아직 테크닉을 완전히 습득하지 못한 경우에는 특히 동물에게 묻고 싶은 것을 적은 리스트를 준비해두자. 미리 질문을 준비해 두면, 쓸데없는 생각을 하지 않고 대화에 집중할 수 있으며, 나중에 커뮤니케이션 내용을 확인할 때도 도움이 된다.

연습에서는 다섯 가지 질문을 준비해 두면 충분하다.

질문이 너무 많으면 마칠 때까지 시간이 너무 오래 걸리고 하트 스페이스에 계속 머무르는 것 역시 힘든 일이다.

동물과의 대화에서도, 사람과 대화를 할 때와 마찬가지로 서로의 매너가 중요하다. 동물과 대화할 때는 먼저 인사부터 한다. 그것이 끝나면, 동물에게 준비한 대로 질문한다. 긴장하지 않도록 처음에는 간단한 것부터 시작하는 것이 좋다. 그 뒤에도 가능한 한 대화의 흐름에 따라 질문하는 것이 중요하다.

이를테면 다음과 같은 장면을 상상해보기 바란다.

당신은 당신의 애견에게 다음의 다섯 가지 질문을 하고 싶다.
①왜 어린아이들을 향해 짓는 거지?
②넌 어떤 간식을 좋아해?
③넌 행복하니?
④가족에 대해 어떻게 생각하니?
⑤뭔가 하고 싶은 말은 없니?

이 다섯 가지 질문을 순서대로 물어볼 필요는 없다. 대화를 시작하자마자 대뜸

"어째서 어린아이들을 향해 짓는 거지?"

이렇게 꾸짖듯 물으면 뭔가 너무 갑작스러운 느낌이 들고, 아무리 상대가 개라 해도 무례한 행동이다.

"너는 행복하니?" 또는 "넌 어떤 간식을 좋아해?" 등, 대답하기

쉬운 질문부터 시작하여 서로 마음을 터놓을 수 있게 될 때 왜 어린아이를 향해 짖는가 하는, 상대의 마음속을 파고드는 질문을 하면 깊은 대화가 순조롭게 진행될 것이다. 만약 내가 당신이라면 다음과 같은 순서로 질문하겠다.

①넌 어떤 간식을 좋아해?
②넌 행복하니?
③가족에 대해 어떻게 생각하니?
④왜 어린아이들을 향해 짖는 거지?
⑤뭔가 하고 싶은 말은 없니?

반드시 이 순서가 옳다는 말은 아니다. 대화의 흐름에 따서는 ②보다 ③이 더 질문하기 쉬울 수도 있다.

단, 여기서 중요한 것은 서로가 평등한 입장에 서서 대화를 하는 것이지, 순서대로 질문하는 것도 아니고, 미리 정해진 이야기와 질문을 당신이 일방적으로 말하는 것도 아니다.

2 동물의 속마음을 이끌어내기 위한 질문

보통 애니멀 커뮤니케이터와 매우 뛰어난 애니멀 커뮤니케이터의 차이는 '동물의 속마음을 이끌어내기 위해 그 자리에서 추가 질문을 할 수 있는지' 여부로 나눌 수 있다. 우리 인간에게는 당연해도 동물들에게는 이해하기 어려운 사물이나 개념도 있으므로, 한 번의 질문으로 그들에게서 당신이 원하는 대답을 들을 수 있는 것은 아니다. 그런 때 이러한 능력이 요구되는 것이다.

좀 더 구체적으로 설명하면 다음과 같다.

당신에게는 애견의 행복이 가장 중요하고, 미리 준비한 질문 리스트에도 '너는 행복하니?'라는 질문이 들어 있다.

당신 우리는 모두 너를 무척 좋아하고 있어. 지금 넌 행복하니?

애견 별로예요. 지금은 기분이 몹시 우울하거든요.

당신 저런, 가엾어라. 그런데 이유가 뭘까? 뭔가 내가 도와줄 수 있는 일이 있을까?

애견 나는 집을 혼자 쓰고 싶어요. 그리고 햇살이 비쳐드는 따뜻한 창가 자리가 좋아요.

당신 지금 네 집이 있는 장소가 마음에 안 들어? 아니면 집이 너 혼자만의 것이 아니라서 그게 싫은 거니?

애견 둘 다예요. 햇빛이 창문으로 들어올 때는 그 근처에 있고 싶고, 누구하고 집을 함께 쓰는 것은 싫어요. 나만의 집이 필요해요.

당신 그렇구나, 집을 두는 장소를 바꿀 수 있을지 생각해 보마. 집을 함께 쓰고 있는 것에 대해서도 자세히 이야기해 주겠니?

이렇게 대화를 진행함에 따라 하나의 질문에서 여러 방향으로 뿌리를 뻗듯 자꾸자꾸 이야기를 파고들 수 있다. 그리고 무엇이 문제인지, 어떻게 하면 좋을지 방법을 찾아낼 수도 있다. 이러한 대화진행 방법은 건강과 문제 행동에 대해 이야기할 때 큰 도움이 된다.

강아지와 대화를 나누는 방법

동물들이 뭔가를 부탁해 올 때는 "그것에 대해 나중에 생각해볼게.", "다른 방법이 없는지 찾아보자.", "나중에 알아볼게." 이렇게 대답하자. 그러면 '가능하다' '불가능하다'는 둘째 치고, 그들의 바람을 이쪽이 이해하고 있다는 것은 전달할 수 있다.

패턴1 일상생활에 대한 질문

동물에 대한 질문을 생각할 때, 대부분의 사람들이 떠올리는 것이 이 패턴이다. 바로, 일상생활에 대해 질문하는 것이다. 이것은 동물들의 마음속에 들어가는 것이 아니라 편안하게 대답을 이끌어내기 위한 것이므로, 동물과 신뢰관계를 쌓는 데 효과적이다. 물론 애니멀 커뮤니케이션 연습에도 최적이다.

평상시 생활에 대한 질문의 예

"건강은 어때? 넌 행복하게 지내고 있니?"

"개(고양이, 토끼 등)로 사는 것에 대해선 어떻게 생각하니?"

"무엇을 하고 있을 때가 가장 즐겁니?"

"하고 싶지 않은 건 어떤 거지?"

"나에게 하고 싶은 말은 없니?"

"지금 뭐가 하고 싶니?"

"뭔가 원하는 것, 필요한 것은 없니?"

"나와 가족에 대해 어떻게 생각하는지 얘기해 줄래?"

"식사에 대해 하고 싶은 말은 없니?"

"좋아하는 간식이 뭔지 가르쳐 줘."

"넌 평소에 뭔가 일을 하고 있니? 있다면 어떤 것?"

　마지막의 "넌 평소에 뭔가 일을 하고 있니? 있다면 어떤 것?"이라는 질문은 고개를 갸우뚱하게 만드는 느낌이 든다. 동물들도 우리와 마찬가지로 '세상에 필요한 존재'라는 것을 실감하고 싶어 하고, 앞으로 나아가기 위한 뚜렷한 목적을 필요로 한다. 실제로 많은 동물들이 '나는 일을 하고 있다'고 생각하고 있거나, '일을 하고 싶다'고 말하거나 둘 중의 하나이다.
　동물들이 하는 '일' 중에는 우리가 봐서 알기 쉬운 것과 그렇지 않은 것이 있다. 알기 쉬운 예로, 집을 지키는 것을 자기의 임무로 여기고 누가 집에 오면 현관문을 향해 짖는 개와, 쥐 같은 해로운 동물과 해충을 구제하는 것이 자신의 임무라고 말하는 고양이가 있다.
　한편 '내 역할은 아저씨가 돌아오셨을 때 재미있는 행동을 해

스무스 콜리

강아지와 대화를 나누는 방법

서 즐겁게 만드는 것'이라고 말하는 고양이의 일이 무엇인지 이해하겠는가? 아저씨는 스트레스가 많이 쌓이는 힘든 일을 하고 돌아왔으니 아저씨의 기운을 북돋아주는 것을 자신의 임무로 여기는 것이다. 또 동물보호시설에서 입양되어 온 토끼들을 따뜻하게 맞아들여주는 것이 자기가 해야 할 일이라는 토끼도 있다. 이웃집 사람이나 동물이 집에 오면 인사를 하는 것이 자신의 일이라고 말하는 개도 있고, 노래를 불러 가족의 생활을 아름다운 소리로 장식하는 것이 자신에게 주어진 역할이라고 말하는 새도 있다. 모두 다 신기하고 흥미로운 것들이지만, 우리가 생각하는 일과는 좀 거리가 있다.

그중에는 우리 인간에게는 반갑지 않은 행동, 이른바 '문제행동'을 자신의 일로 여기는 동물도 있다. 집에 찾아온 손님에게 짖거나 달려드는 것이 그 전형적인 예이다. 문제행동에 대한 대처방법은 다음 장에서 상세히 이야기하겠다.

앞으로 당신도 멍하니 있거나 우울해 보이고 기운 없이 무료해 보이는 동물을 만날 때가 있을 것이다. 그들에게는 어쩌면 살아가기 위한 목적이 필요한 건지도 모른다. 이러한 사태는 동물 본인에게나 주인에게나 매우 중대한 문제이다. 애니멀 커뮤니케이션에서는 이러한 삶의 중요한 문제를 서로 나누는 장면도 있다는 것을 마음 한구석에 깊이 담아두고 항상 마음의 준비를 해 두면 좋다.

여기서 일상생활에 대한 질문을 사용한 즐거운 대화를 살펴보

자. 대화 상대는 무척 완고하고 유쾌한 토끼 초롱이다.

당신 너는 지금 행복하니?

초롱이 네, 매일 즐겁고 행복해요. 고마워요.

당신 그 말을 들으니 나도 기쁘구나. 모두들 너를 무척 좋아한단다.

초롱이 저도 가족 모두를 아주 아주 좋아해요.

당신 다행이야! 그럼 식사는 어때? 아무 문제없니?

초롱이 맛있어요. 하지만 좀 더 다양한 채소를 먹고 싶어요. 사료도 좋지만 사실은 싱싱한 채소나 과일이 더 좋아요.

당신 그래? 그렇다면 어떻게 하면 좋을지 생각해 봐야겠구나. 특별히 먹고 싶은 채소가 있니?

초롱이 푸른 이파리가 좋아요~. 그리고 새콤달콤한 과일도. 과일을 더 많이 먹고 싶어요!

당신 알았어. 하지만 과일을 너무 많이 먹으면 살이 찐다는 건 알고 있니?

초롱이 살이 찌면 안돼요?

당신 으응, 글쎄, 살이 찌는 건 건강에 좋지 않은 것 같아.

초롱이 저어, 저도 벌써 여덟 살이에요. 삶을 즐겨야죠. 인생이란 즐기는 것 아닌가요? 건강하게 오래 사는 것도 좋지만.

당신 하지만 식사 균형을 생각하는 것도 중요해. 다만 너를 위해 과일의 양을 늘릴지 어떨지는 생각해 볼게.

초롱이 전 기다란 바나나가 특히 좋아요!

강아지와 대화를 나누는 방법

당신 알았어. 그 밖에 필요한 거나 원하는 건 없니?

초롱이 과일!

당신 아이구, 알았다, 알았어. 과일 말고는 뭐 없어?

초롱이 음, 더 없는 것 같아요.

당신 OK, 말해 줘서 고마워. 우리 모두 널 아주 좋아한단다.

초롱이 저도요. 그리고 과일 잊지 마세요!

당신 그래, 잘 알았으니까 걱정 마. 그럼 다음에 또 보자.

초롱이 네, 안녕!

패턴2 이해를 깊이하기 위한 질문

일상생활에 대한 질문은 부담없이 할 수 있지만, 동물들 각각의 성격과 그들의 희망까지 충분히 알 수 있다고는 할 수 없다. 동물들도 우리와 마찬가지로 겉모습도 내면도 천차만별이기 때문이다.

그럴 때 이 이해를 깊이하기 위한 질문이 도움이 되어 준다. 동물들의 영혼과 접촉하고 대화함으로써 그들의 삶의 방식에 대해서도 자세히 알 수 있다. 동물들에 대해 더욱 알고 싶을 때 꼭 이용해 보기 바란다.

이해를 깊이 하기 위한 질문의 예

"네 영혼은 왜 지금의 몸을 선택했니?"

"네가 지금의 가족(또는 나)과 함께 살고 있는 데는 이유가 있니?"

"너는 지금의 삶에서 무엇을 배우고 있니?"

강아지와 대화를 나누는 방법

"너는 주어진 삶속에서 누군가에게 뭔가 가르치기 위해 여기 있는 거니?"

"어디선가 우리가 만난 적이 있었을까?"

"삶속에서 네가 사는 보람과 목적을 얘기해주렴."

"네 소망과 꿈에 대해 말해봐."

"네 삶에 기쁨을 주는 것은 무엇이니?"

이러한 질문에서는 동물들의 개성뿐만 아니라 그들의 삶에 대한 생각과 인간에 대해, 세계에 대해, 그리고 그밖에도 흥미로운 다양한 사항에 대해 알 수 있다. 동물들과 더욱 깊은 수준에서 서로 이해한다면 그들과의 유대도 더욱 깊어질 것이다.

동물들이 얼마나 현명한지 알고 놀라는 사람들이 많다. "이 녀석이 이렇게 머리가 좋을 줄은 꿈에도 몰랐어요!" 이렇게 말하는 사람들도 있다. 당신도 애니멀 커뮤니케이션을 배우면, 동물들이 인간과 마찬가지로 현명하다는 것을 알게 될 것이다.

동물들은 태어날 때부터 인간보다 박식하고 머리가 좋은 것은 아니지만, 그들이 우리보다 통찰력이 뛰어난 것은 확실하다. 우리가 크고 작은 일들을 처리하는 데 골몰하느라 놓치고 마는 순간을 동물들은 참으로 잘 보고 있다.

그것은 다음의, 이해를 깊이하기 위한 질문을 사용한, 하늘이 (개)와의 대화에서도 엿볼 수 있다.

당신 네가 나와 함께 삶을 보내고 있는 이유는 뭘까?

하늘이 당신이 어렵고 힘들 때 도와주기 위해서예요. 질병이나, 인생의 커다란 변화를 겪을 때 난 줄곧 당신 곁에 있을 거예요. 그래서 변화는 좋은 일이라고 당신에게 가르쳐 주고 싶어요. 당신은 무척 멋진 사람이에요. 주위에 있는 사람들과 동물들에게 당신은 커다란 선물임을 아셨으면 해요.

당신 고맙다. 아주 기뻐. 네가 있어 줘서 무척 행복해. 나는 '사랑'에 대해서도 너에게서 여러 가지로 배우고 있단다.

하늘이 다행이에요. 사랑은 가장 멋진 선물이에요.

당신 확실히 그래. 넌 6년 동안 치유견(治癒犬)으로서 많은 사람들과 접하면서 그들에게 기쁨을 주었지. 일은 즐거웠니? 넌 치유견이 되기 위해 태어난 거야? 이번 삶에서 너의 목적은 뭘까?

하늘이 치유견으로서 하는 일을 무척 좋아해요. 모두에게 도움이 되도록, 한 사람 한 사람에게 맞춘 방법으로 사랑과 기쁨을 줄 수 있도록 노력하고 있지요. 사람도 동물도 하나하나 다른 방법으로, 다른 타이밍에 사랑이 필요하거든요. 어루만져줄 때도 있고, 옆에서 정신적인 지주가 되어 주는 일도 있지요. 중요한 점은 그들이 필요로 하는 것은 무엇이고, 언제 필요한지를 알아차리는 거랍니다.

당신 정말 대단하구나.

하늘이 나는 언제나 인간과 동물을 도와주는 일을 했어요. 우리는 좋은 짝이 될 거예요!

3 대화의 포인트

①커뮤니케이션 중에는 대화의 흐름이 끊기지 않도록, 가능하면 자연스럽게 대화를 진행하자. 그렇게 하면 당신에게 있어서도 동물에게 있어서도 그 커뮤니케이션이 즐거운 추억으로 남을 수 있다.

②질문을 선택할 때는 패턴이 다른 질문을 한다. 당신에게 좋은 연습이 되고, 그러는 편이 동물들도 싫증내지 않고 스스럼없이 대응해준다.

보더콜리(영국)

이제 본격적 실천적으로 「강아지와 대화를 나누는 방법」은
그 둘째책 「강아지와 마음을 나누는 방법」으로 이어집니다.

서진에 대하여

Community College of Baltimore County. University of Phoenix 수학. 헨리 제임스 소설연구. 중앙대학교 예술대학원 수학. '한국소설' 등단 「봄의 변주」 신인상 수상. 작가·에세이스트

「강아지와 대화를 나누는 방법」 펴내면서 참고한 책들

Lauren McCall 「Talk To Your Animals」 Susannah Charleson 「재해구조견 이야기」 Patricia Curtis 「The Story of a Guide Dog」 '애견 사랑' 편집부 「애견에게 보내는 세계 제일의 편지」, 오오츠카 아츠코 大塚敦子 「Service Dog TASHA」 나카이 마스미 中井真澄 「How to bring up a good dog」 다카에스 가오루 高江洲薫 「Dr. Takaesu's Animal Communication」 나카노 에이묘 中野英明 「쓰레기를 먹는 개 모모미」 「쓰레기를 먹는 개 모모미의 소원」 히우라 토모코 樋浦知子 「유기견 플라워의 기적」 나카지마 쇼코 中島晶子 「목장견이 된 마야」 도키우미 유이 時海結以 「마리와 강아지 이야기」 우스키 아라타 「내 강아지 오래 살게 하는 50가지 방법」 후지이 사토시 「우리 개 100배 똑똑하게 키우기」 「5분 안에 우리 개 똑똑하게 만들기」 니시마츠 히로시 西松宏 「고양이 역장」 미츠야 미야코 三津谷美也子 「삶을 변화시킨 고양이 히후미」 다카하시 사쿠라 高橋さくら 「새끼 고양이의 생명」 이노우에 유카 井上夕香 「바짱(ばっちゃん)」 마스이 미츠코 増井光子 「동물과 말하는 책」 오즈시게오 小津茂朗 「말」 나오노스케 直之助 「동물의 표정」 Jane Goodall 「숲 친구·침팬지와 나」 Stanley Coren 「How to Speak Dog」 Eibl-Eibesfeldt 「사랑과 증오」 스즈키 토모미 鈴木智美 「애견과 말할 수 있게 되는 CD북」 사진집 「The Love of Horses」 「All Colour book of Horses」 「The World of Cats」 「The World of Dogs」 「The Beauty of Big Cats」 「The Companion to Modern Children's Literature」 「The Oxford Companion to Children's Literature」 「1001 Children's Books」

해피파피세트1
Happy together—puppy communication

강아지와 대화를 나누는 방법

해피파피에세이스트/서진 지음
1판 1쇄 발행/2013년 6월 26일
발행인 고정일
발행처 동서문화사
창업 1956. 12. 12. 등록 16-3799
서울 강남구 도산대로 163(신사동)
☎ 546-0331~6 (FAX) 545-0331
www.dongsuhbook.com

*

사업자등록번호 211-87-75330
ISBN 978-89-497-0828-7 04490
ISBN 978-89-497-0827-0 (세트)